每一道菜都会让你回味无穷

乐乐猪／著

最爱美味小炒

每一道菜都会让你回味无穷

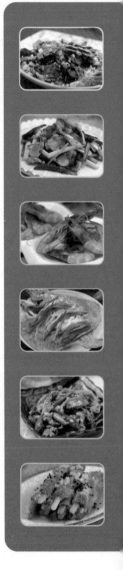

海天出版社（中国·深圳）

图书在版编目(CIP)数据

最爱美味小炒：每一道菜都会让你回味无穷 / 乐乐
猪著. — 深圳：海天出版社, 2014.6
（幸福厨房）
ISBN 978-7-5507-0949-2

Ⅰ.①最… Ⅱ.①乐… Ⅲ.①炒菜－菜谱 Ⅳ.
①TS972.12

中国版本图书馆CIP数据核字(2013)第313243号

最爱美味小炒：每一道菜都会让你回味无穷
ZUI AI MEIWEI XIAOCHAO；MEI YIDAO CAI DOUHUI RANGNI HUIWEI WUQIONG

出 品 人　陈新亮
责任编辑　陈　军　张绪华
责任技编　梁立新
封面设计　元明·设计

出版发行　海天出版社
地　　址　深圳市彩田南路海天大厦（518033）
网　　址　www.htph.com.cn
订购电话　0755—83460293（批发）　83460397（邮购）
设计制作　蒙丹广告0755—82027867
印　　刷　深圳市希望印务有限公司
开　　本　787mm×1092mm　1/24
印　　张　9.33
字　　数　61千字
版　　次　2014年6月第1版
印　　次　2014年6月第1次
定　　价　39.00元

前 言

　　曾经听人说，炒菜是一种幸福的声音，因为有人围坐桌前等着吃才会做，有家人才不孤单，有家才能体会幸福。能做菜给心爱的人吃抑或是吃心爱的人做的菜都是一种幸福。听着菜入锅那一刻的炸响，它让幸福变得那么真实，那么生动！

　　什么是幸福？

　　当我们辛苦完成了一项工作后，用一餐美味的食物犒劳自己，这就是幸福；

　　当我们伤心难过时，爱人忽然端出早已准备好的美味食物出现在眼前，这就是幸福。

　　我们也常常在电影中看到这样的情节，女主人系着小花围裙在厨房忙碌着，为下班回家的丈夫准备丰盛的晚餐，当最后一道汤端上餐桌时，门锁转动，他回来了。于是两人对坐在桌前共享恬静的晚餐时光。桌上的家常菜那鲜艳欲滴的色泽，四溢的缕缕香气，还有喷喷鲜美诱人的味道让人回味无穷，但最重要的是我们可以品味那美味背后淡淡的幸福。

　　这种美味的幸福，看起来是那么的触手可及。美食如此，生活亦如此。幸福有千千万万，就在付出与收获之间，慢慢用心体会，个中滋味便在其中。

目 录 CONTENTS

第一章 健康清爽素菜类

第二章 营养可口畜肉类

第一章
健康清爽素菜类

　　"穿要布，吃要素"，在崇尚养生保健、健康饮食的今天，大家意识到合理搭配、科学饮食的重要性，越来越多的人在家庭饮食中加大了素菜的比例。

　　新鲜的时令蔬菜、富含优质蛋白的豆制品、各种食用菌菇都是制作素菜的上好食材。尤其是在烈日炎炎的夏季，偶尔吃一顿素，不仅可以清心静气，还能有效地消脂减重，真正是吃出美味又健康！

炝炒西葫芦

原料：西葫芦300克、朝天椒10克。

配料：食用油20毫升、蒜3克、盐2克、糖1克、味精少许。

幸福小贴士 TIPS　　炒西葫芦时间不宜过长，否则容易出汤，口感变差。

制作：

1. 西葫芦洗净切半圆薄片；
2. 朝天椒洗净斜切小段；
3. 蒜去皮剁成蒜末备用；
4. 热锅下油，待油热后放入蒜
   末和辣椒段爆香；
5. 将西葫芦片倒入锅中翻炒 1
   分钟；
6. 加入盐；
7. 加入糖；
8. 最后加入味精调味即可。

 选料

　　西葫芦应选择瓜体周正，表面光滑无疙瘩，不伤不烂的。选购时可以用手捏一捏，如果感觉瓜体发空、发软，说明已经老了。

香炸洪山菜薹

原料：洪山菜薹250克、鸡蛋1个。

配料：食用油 500 毫升（实际耗油 30 毫升）、
玉米淀粉 100 克、盐 2 克。

炸制洪山菜薹时间不宜过长，否则吃起来口感不好，炸
至表层的面糊成金黄色后即刻捞出。

制作:

1. 菜薹洗净去老叶，切8厘米的长段；
2. 制作全蛋清：在碗中放入玉米淀粉，打入一个鸡蛋。加盐后朝一个方向搅拌均匀即可；
3. 把切好的菜薹一个个均匀地裹上全蛋清；
4. 热锅下油，中火烧热至90℃；
5. 放入裹好全蛋清的菜薹，大火炸至成金黄色关火捞出，装盘即可。

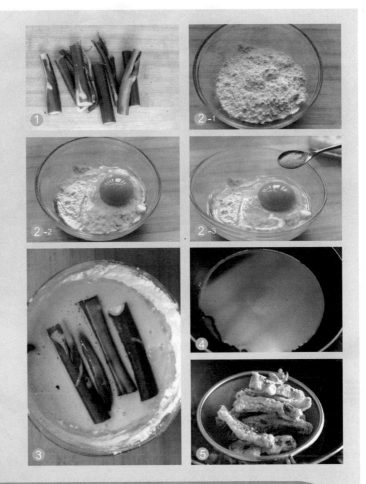

选料 　洪山菜薹含钙、磷、铁、胡萝卜素、抗坏血酸等，其维生素成分比大白菜、小白菜都高。选洪山菜薹以色泽光亮、水分含量充足为好。购买时可试着掰断根部，如果容易掰断即说明水分含量足。

蒜蓉茼蒿

原料：茼蒿250克。
配料：食用油30毫升、蒜3克、盐1克。

 幸福
小贴士
TIPS

　　炒茼蒿时快速翻炒，时间要短，这样吃起来的口感
才会更好。

制作：

1. 茼蒿洗净切去根部；

2. 蒜洗净去皮剁成末；

3. 热锅倒油，待油热放入剁好的蒜末，中火爆香；

4. 放入茼蒿，转大火快速翻炒；

5. 最后放盐翻炒一下即成。

选料

　　茼蒿具有清血养心，润肺消痰的功能。茼蒿应挑选茎短、叶嫩、色泽深绿为好，茎越短说明越鲜嫩。不宜选择叶子发黄、叶尖开始枯萎乃至发黑收缩的茼蒿，茎秆或切口变褐色也表明放的时间太久了。

奶香油麦菜

原料：油麦菜250克。

配料：食用油20毫升、黄油30克、蒜3克、盐1克。

 幸福小贴士 TIPS　　　油麦菜容易残留农药，因此烹饪前最好放入盐水中浸泡10分钟。

制作：

1. 油麦菜洗净去根，切成 6 厘米的长段；
2. 蒜去皮剁成末；
3. 热锅倒入食用油，油热后放入黄油；
4. 待黄油融化，放入蒜末中火爆香；
5. 放入切好的油麦菜转大火快速翻炒；
6. 最后放入盐翻炒一下装盘即可。

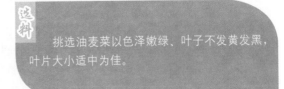

选料

挑选油麦菜以色泽嫩绿，叶子不发黄发黑，叶片大小适中为佳。

松仁玉米

原料：罐装玉米粒250克、松仁40克、胡萝卜50克、香葱10克。

配料：食用油30毫升、香油1毫升、水20毫升、蒜3克、盐2克、味精1克、白糖1克、玉米淀粉2克。

 幸福 小贴士 TIPS　这道菜比较注重颜色和口感，因此炒制时间不宜过长。

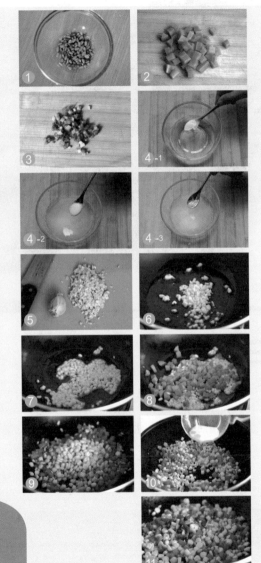

制作：

1. 松仁洗净待用；

2. 胡萝卜洗净去皮切成小丁；

3. 香葱切葱花；

4. 在碗中放入 30 毫升清水，加入玉米淀粉、盐、味精、白糖和香油搅拌均匀制成芡汁待用；

5. 蒜切末备用；

6. 热锅下油，待油热放入剁好的蒜末中小火炒出蒜香味；

7. 放入松仁改小火翻炒；

8. 炒出松仁的香味，放入胡萝卜丁转中火翻炒；

9. 炒至胡萝卜丁颜色变深，表层出现光泽，放入玉米粒快速翻炒；

10. 倒入调制好的芡汁，炒至汤汁浓稠，变透明即可关火；

11. 撒入葱花装盘即可。

松仁以形状圆润，饱满，色泽鲜亮为佳。

白灼芥蓝

原料：芥蓝250克。

配料：食用油30毫升、水1020毫升（焯水1000毫
　　　升，勾芡20毫升）、盐2克、姜2克、蒜3克、
　　　蒸鱼豉油10毫升、蚝油10毫升。

制作：

1. 芥蓝洗净择去老叶，削掉底部的老皮待用；

2. 姜洗净切菱形片；

3. 蒜洗净切片；

4. 锅内倒入 1000 毫升清水，放入 2 克盐、10 毫升食用油烧沸；

5. 将芥蓝放入锅中，焯至颜色变深后捞出，过冷水装盘待用；

6. 热锅倒油，待油热放入切好的姜片、蒜片中火爆香；

7. 倒入蚝油；

8. 倒入蒸鱼豉油；

9. 倒入 20 毫升清水小火烧开成汁，然后将烧好的汁淋入盘内的芥蓝即可。

选料 选购芥蓝时应选择叶片浓绿，叶片整齐、鲜嫩，没有黄叶的为佳。

炒杂菜

原料：圆白菜50克、红尖椒20克、韭菜30克、荷兰豆30克、
　　　菠菜20克、香菇10克、口蘑10克。

配料：食用油30毫升、盐3克、清水500毫升、香油2毫升。

炒杂菜时火候要控制好，应快速翻炒，时间不宜过长，否则炒过
火了吃起来口感不好。

制作：

1. 圆白菜洗净切成约 1 厘米宽的长丝；

2. 菠菜洗净切成 4 厘米左右的长段；

3. 红尖椒洗净切丝；

4. 韭菜洗净切成 4 厘米左右的长段；

5. 香菇洗净去根切片；

6. 口蘑洗净去根切片；

7. 荷兰豆洗净去头尾；

8. 锅内倒入 1000 毫升清水，放入 2 克盐、
   10 毫升食用油烧沸；

9. 放入荷兰豆，焯至变色捞出装盘待用；

10. 热锅倒油，待油热后放入切好的香菇
    片和口蘑片中火翻炒；

11. 炒至香菇片和口蘑片稍变软，放入圆白菜转大
    火快速翻炒几下；

12. 放入菠菜转中火翻炒；

13. 放入荷兰豆；

14. 放入红尖椒；

15. 放入韭菜快速翻炒；

16. 放入盐调味；

17. 最后倒入香油快速翻炒一下即可。

选料　香菇、口蘑以形状圆润、饱满为佳。

韭菜炒双菇

原料： 韭菜200克、口蘑2个、香菇1个。
配料： 食用油30毫升、蒜3克、盐1克。

幸福小贴士 TIPS　　　炒韭菜时要大火，快速翻炒，时间要短，这样吃起来的口感才会更好。

制作：

1. 韭菜洗净切成 4 厘米的长段；
2. 香菇洗净切片；
3. 口蘑洗净切片；
4. 蒜洗净剁成末；
5. 热锅下油，待油热放入切好的香菇、口蘑片；
6. 炒出香味，放入韭菜转大火快速翻炒；
7. 最后放入盐调味翻炒一下，装盘即可。

选料　韭菜以抓住根部叶片能直立，没有黄叶的为佳；香菇、口蘑选圆润、饱满的。

炸茄盒

原料：茄子 150 克、猪肉馅 200 克、鸡蛋 1 个。

配料：食用油 500 毫升（实际用量 30 毫升）、香油 3 毫升、
玉米淀粉 100 克、盐 3 克、味精 1 克、白糖 1 克、黑
胡椒粉少许、料酒适量。

幸福
小贴士
TIPS

茄盒要均匀地裹上蛋糊，这样在炸制过程中才不易露馅。

制作：

1. 把肉末放进碗里，倒入料酒，再放 1 克盐、味精、白糖、黑胡椒粉、香油，顺一个方向搅拌均匀，腌渍 10 分钟待用；

2. 在碗中打入一个鸡蛋，放入盐、玉米淀粉，朝一个方向搅拌均匀制成蛋糊；

3. 茄子洗净去头切片，每两片之间不切断；

4. 把切好的茄片中间夹入肉馅；

5. 将夹了肉馅的茄子均匀地裹上蛋糊；

6. 锅中倒油，中火烧至 90℃ 把裹好的茄子盒炸至两面金黄即可。

选料
茄子以颜色乌暗，花萼下有一片绿白色的皮为佳。

咸蛋黄焗西兰花

原料：西兰花200克、咸蛋1个。

配料：食用油30毫升、水500毫升、蒜3克、盐2克、
白糖1克、白芝麻5克。

幸福小贴士 TIPS　　　咸蛋黄要压成泥状，才能放入锅中。西兰花撕成小朵后，最好放入盐水中浸泡5分钟，这样可以除去菜上的灰尘、虫害和农药。西兰花焯好后，过冰水口感更好。

制作：

1. 西兰花洗净掰成小朵；

2. 蒜洗净剁成末；

3. 咸蛋洗净去壳去蛋白，把咸蛋黄放入碗中压成泥状待用；

4. 锅中倒入 500 毫升清水，放入 2 克盐、10 毫升食用油煮沸；

5. 待水开后放入西兰花，焯至成深绿色立马捞出装盘待用；

6. 炒锅置于火上，锅热后倒油，放入咸蛋黄小火煸炒；

7. 炒至出现泡沫状，放入糖和剁好的蒜末改中火翻炒；

8. 最后放入焯好的西兰花，改大火快速翻炒，使每个西兰花都裹上蛋黄，加盐调味，装盘时撒上白芝麻即可。

选料 西兰花以菜株光亮，花蕾紧密结实，手感重，没有黄色花朵的为佳。

炝炒奶白菜

原料：奶白菜250克、干辣椒5克。

配料：食用油30毫升、姜2克、蒜3克、盐1克。

幸福小贴士 TIPS 炝炒奶白菜最为重要的是要有辣香味，所以我们在煸干辣椒时，要小火煸炸出辣香味，再放入奶白菜大火快速翻炒。

制作：

1. 奶白菜洗净去头切 3 厘米的长段；
2. 蒜洗净剁成末；
3. 热锅倒油，放入干辣椒小火炸制；
4. 待辣椒变色后，放入蒜末，炒出香味；
5. 放入切好的奶白菜，转大火快速翻炒；
6. 最后放入盐调味即可。

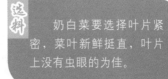

选料

奶白菜要选择叶片紧密，菜叶新鲜挺直，叶片上没有虫眼的为佳。

23

青椒炒绿豆芽

原料：绿豆芽250克、青椒1个。

配料：食用油30毫升、蒜3克、姜3克、盐1克。

 幸福小贴士 TIPS　　炒绿豆芽时要大火快速翻炒，别炒出水分，这样吃起来的口感更好。还有不长胡须的绿豆芽，是因为过量尿素导致的，对人体有害，不可食用。

制作：

1. 青椒洗净去头去籽，切宽3毫米、长5厘米的丝；
2. 姜洗净剁成末；
3. 蒜洗净剁成末；
4. 热锅下油，待油热放入剁好的姜、蒜末中火爆香；
5. 放入青椒丝翻炒；
6. 放入绿豆芽改大火快速翻炒几下；
7. 最后放入盐调味，装盘即可。

尖椒应挑选颜色均匀、表面光滑，色泽鲜亮的。挑选绿豆芽时，一要看颜色，发芽的根茎颜色要白；二要看形状，不要买形状特别粗大的。

香辣西葫芦

原料：西葫芦250克。

配料：食用油30毫升、大葱2克、干辣椒7个、
花椒1克。

 幸福
小贴士
TIPS
炒西葫芦时，不宜时间过久，以免营养损失，口感不好。

制作：

1. 西葫芦洗净去头，切成 2 毫米厚的半圆片；

2. 大葱洗净切碎；

3. 热锅倒油，放入干辣椒、花椒，小火炸出香味；

4. 放入葱末，转中火炒出葱香味；

5. 放入切好的西葫芦转大火快速翻炒；

6. 最后放入盐调味，装盘即可。

 选料

西葫芦以色泽光亮、饱满、分量重、花萼鲜绿色的为佳。

豆瓣酱炒菜花

原料：菜花200克、青尖椒1个、红尖椒1个。

配料：干辣椒5个、水1000毫升、豆瓣酱4克、食用油30毫升、
　　　盐2克、白糖2克、大葱2克。

幸福
小贴士
TIPS
　　　　由于菜花经过前期焯烫已经断生，因此在炒制时不用炒太久，
以免过火影响口感。

制作：

1. 菜花洗净掰成小朵；

2. 青尖椒洗净去头去籽，切成长 2.5 厘米、宽 1.5 厘米的菱形片；

3. 红尖椒洗净去头，切成长 2.5 厘米、宽 1.5 厘米的菱形片；

4. 大葱洗净切碎；

5. 将菜花放入沸水中焯烫一下，捞出待用；

6. 热锅倒油，待油热放入干辣椒、豆瓣酱和大葱，中火煸炒；

7. 炒出香味后放入焯好的菜花，大火翻炒；

8. 放入切好的青、红椒；

9. 最后放入白糖、盐翻炒调味即可。

 选料　菜花以菜株壳光亮，花蕾紧密结实，拿起来很沉，没有黑斑花朵的为佳。

香菇菜花

原料：菜花200克、香菇2个。

配料：食用油30毫升、清水1000毫升、大葱3克、盐3克。

 幸福小贴士 TIPS 　炒香菇时，小火煸炒出少许水分即可，这样才能口感爽滑。焯菜花1分钟就可以了，否则时间过久口感不好。

制作：

1. 菜花洗净掰成小朵；

2. 香菇洗净切成宽2毫米的片；

3. 大葱洗净切碎；

4. 锅中加入清水，煮沸后将菜花放入水中焯烫一下，捞出待用；

5. 热锅倒油，待油热放入切好的大葱，中火炒出葱香味；

6. 放入香菇，小火炒至香菇变软；

7. 放入焯好的菜花，转大火快速翻炒几下；

8. 最后放入盐调味，装盘即可。

选料

　　菜花应挑选花蕾紧密结实，没有黑斑花朵的；香菇则要选择菌肉肥厚圆润，菌盖下卷，菌柄短粗鲜嫩的较好。

五彩豆腐

原料：鲜豆腐100克、青豆20克、南瓜20克、胡萝卜20克、
鲜虾20克。

配料：食用油 30 毫升，清水 1030 毫升（焯水 1000 毫升，
勾芡 30 毫升），姜 2 克，大葱 2 克，淀粉 2 克，料酒
2 毫升，香油 2 毫升，盐 5 克，黑胡椒粉、味精与白
糖少许。

幸福小贴士 TIPS　　　　这是一道自主性很强的菜品，配料的食材可以任意搭配。只要在颜色上
稍加注意就可以。

制作：

1. 豆腐洗净切成1厘米见方的小丁；

2. 南瓜、胡萝卜洗净切小丁备用；

3. 鲜虾洗净去壳去虾线，切成长1厘米的小丁；

4. 大葱洗净切小片，姜洗净切小菱形片；

5. 锅中倒入1000毫升清水，放入2克盐、10毫升食用油烧沸，分别放入青豆和南瓜丁焯烫捞出备用；

6. 在碗中放入30克清水，放入淀粉、盐、味精、白糖、香油、黑胡椒粉调成芡汁；

7. 热锅倒油，待油热放入葱和姜片，中火煸炒出香味；

8. 放入虾仁；

9. 倒入料酒，中火炒至虾仁变白色；

10. 放入焯好的青豆；

11. 放入胡萝卜丁；

12. 放入豆腐；

13. 放入焯好的南瓜丁；

14. 最后倒入芡汁，中火烧至汤汁变透明，关火装盘即可。

选料　鲜豆腐以整体乳白色或淡黄色，有少许的光泽度，闻起来有豆腐特有的香气为佳。

榄菜四季豆

原料：四季豆250克、肉末100克、橄榄菜10克。

配料：食用油30毫升，清水530毫升（焯水500毫升，勾芡30毫升），姜2克，蒜3克，香油2毫升，盐5克，淀粉3克，味精与白糖少许。

幸福
小贴士
TIPS
食用四季豆时应将两边的豆筋摘除，否则吃的时候会影响口感，又不易消化。此外，四季豆含有大量的皂苷和血球凝集素，若没有完全煮熟，食用后容易引起食物中毒。因此，必须使四季豆完全熟透才可以食用。我们可以在烹制前将四季豆进行预加工处理，用沸腾的水焯烫或用热油稍煸一下。

制作：

1. 四季豆洗净切 5 厘米的长段；

2. 蒜洗净去皮剁成末；

3. 姜洗净去皮剁成末；

4. 锅中倒入 500 毫升清水，放入 2 克盐、10 毫升食用油烧沸；

5. 待水开后放入切好的四季豆，焯至变色后捞出待用；

6. 在碗中放入 30 毫升清水，加入淀粉、盐、白糖、香油搅匀制成芡汁；

7. 锅热倒油，待油热放入剁好的姜、蒜末，中火煸炒出香味；

8. 放入肉末；

9. 倒入料酒将肉末炒散变色；

10. 放入橄榄菜；

11. 将焯好的四季豆放入锅中，改为大火快速翻炒；

12. 最后倒入芡汁翻炒至汤汁变透明后，即可关火装盘。

 四季豆应挑选色泽鲜绿、整体饱满、顺直的。

咸蛋黄焗南瓜

原料：南瓜200克、咸蛋2个。

配料：食用油30毫升、盐2克、蒜2克、清水1000毫升。

幸福小贴士 TIPS 　　咸蛋黄要压成泥状，才能放入锅里。焗南瓜条时不宜时间过久，否则炒时易断，不呈条状。另外，蛋黄本身已有咸味，因此炒制时根据个人口味，不加或少加盐均可。

制作：

1. 南瓜洗净切长5厘米、宽1厘米的长条，咸蛋去壳去蛋白，蒜去皮切末备用；

2. 把咸蛋黄放入碗中压成泥状；

3. 锅中倒入清水，待水开后放入南瓜条焯烫2分钟；

4. 炒锅置于火上，锅热后倒油，待油热放入蛋黄泥小火炒制；

5. 放入蒜末；

6. 待锅中的蛋黄出现泡沫状后放入焯好的南瓜条；

7. 放入盐调味；

8. 翻炒几下使南瓜条都裹上咸蛋黄后，关火装盘即可。

选料　南瓜的种类有很多，比较常见的有椭圆形、黄皮的金瓜和长颈大肚的牛角南瓜。二者比较，金瓜肉质比较脆嫩，牛角南瓜则口感更甜一点。

苦瓜杏仁炒马蹄

原料：苦瓜200克、马蹄3个、杏仁10克。

配料：胡萝卜20克、食用油30毫升、盐2克、白糖1克、姜2克、大葱2克、清水500毫升。

 杏仁分为甜杏仁和苦杏仁，苦杏仁有小毒，炒菜时不宜使用。最好选用无毒的甜杏仁作为烹饪的食材。

制作：

1. 苦瓜洗净对半切开去籽，切成 1 厘米见方的小丁；

2. 马蹄洗净去皮切小丁；

3. 胡萝卜洗净去皮切小丁；

4. 姜洗净去皮剁成末，大葱洗净剁成末；

5. 将切好的苦瓜丁放入冷水中浸泡 10 分钟，去除苦味；

6. 热锅倒油，待油热后放入剁好的姜、葱末，中火煸出香味；

7. 放入马蹄丁煸炒 1 分钟；

8. 放入胡萝卜丁煸炒 2 分钟；

9. 放入杏仁炒 1 分钟；

10. 放入苦瓜丁炒至颜色变深；

11. 加盐调味；

12. 最后放入白糖，翻炒一下即可。

选料

　　马蹄以个大、饱满、色泽光亮、皮薄、干净的为佳；苦瓜以形状直立，并且颜色均匀、翠绿的为佳；杏仁以表皮颜色浅、饱满、个大为佳。

青红尖椒炒海带

原料：海带200克、青尖椒1个、红尖椒1个。

配料：食用油30毫升、清水500毫升、姜2克、蒜3克、
盐1克、糖少许。

海带可以提前放在水里浸泡30分钟，使咸味变淡一些。焯好的海带，可以过下冰水这样口感更好。

制作：

1. 青尖椒洗净去头去籽，切成长 2.5 厘米、宽 1.5 厘米的菱形片；
2. 红椒洗净去头，切成长 2.5 厘米、宽 1.5 厘米的菱形片；
3. 海带洗净切长 4 厘米、宽 3 厘米的片；
4. 蒜洗净去皮剁成末；
5. 姜洗净去皮剁成末；
6. 锅中倒入 500 克清水煮沸，放入海带片焯烫 3 分钟捞出备用；
7. 热锅倒油，待油热放入剁好的姜、蒜末中火煸炒；
8. 炒出香味后，放入青、红尖椒翻炒几下；
9. 放入焯好的海带片大火快速翻炒；
10. 最后加盐、糖调味即可。

选料 青、红尖椒以颜色均匀、色泽光滑无皱，没有破口的为佳；海带以颜色均匀、厚、色泽光亮的为佳。

豉香笋丝金针菇

原料：金针菇80克、笋丝50克。

配料：牛肉豆豉酱10克、香葱5克、蒜3克、食用油20毫升、
　　　盐1克、糖1克。

幸福小贴士 TIPS　　　未熟透的金针菇中含有秋水仙碱，被人食用后容易氧化产生有毒的二秋水仙碱，它对胃肠黏膜和呼吸道黏膜有强烈的刺激作用。秋水仙碱经过充分加热后可以被破坏，烹饪时要把金针菇煮软煮熟，使秋水仙碱遇热分解。

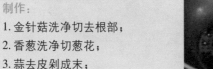

制作：

1. 金针菇洗净切去根部；
2. 香葱洗净切葱花；
3. 蒜去皮剁成末；
4. 热锅倒油，待油热后放入蒜末中火爆香；
5. 放入牛肉豆豉酱煸香；
6. 放入金针菇改大火翻炒；
7. 放入笋丝快速翻炒；
8. 转小火，加盐和糖调味，撒上葱花即可。

选料

　　金针菇是一种可以食用的菌类，它含有大量的氨基酸，营养价值非常高。优质的金针菇颜色应该是淡黄色的，菌盖中央较边缘稍深，菌柄上浅下深，如果颜色特别均匀、鲜亮的，可能是经过化学处理的，最好不要购买。另外，还要看一下菌盖，一般菌盖未开的金针菇比较鲜嫩，张开的菌盖意味着金针菇已经很老了。

剁椒蒿子秆

原料：蒿子秆250克。

配料：红剁椒10克、蒜5克、食用油20毫升、糖1克、花椒1克、盐1克。

新鲜的蒿子秆是含水量充足的蔬菜，因此烹调时一定要急火快炒，时间久其所含的水分就炒出来了，影响菜品的口感和美观度。

制作：

1. 蒿子秆洗净切 3 厘米长段；

2. 蒜去皮切成末；

3. 锅中倒油，放入花椒小火煸香；

4. 放入蒜末煸炒出香味；

5. 放入剁椒；

6. 放入蒿子秆转大火快速翻炒；

7. 最后加糖、盐调味即可。

 新鲜的蒿子秆颜色嫩绿，叶茎挺实，粗细均匀适中，无黄叶、烂叶。

第二章
营养可口畜肉类

　　漂泊在外的人，最难忘的是家乡，那山、那水、那风，还有妈妈做的美味家常菜，红焖羊肉、酱猪蹄……一想起就让人垂涎三尺。这些菜肴以最亲切的气息、最平易近人的姿态、最熟悉的味道，给在外漂泊的我们最幸福的享受。

　　各式畜肉类菜肴在中国人餐桌上是必不可少的，在几千年的中国饮食文化中占据着重要地位。它们不仅具有丰富细腻的口感，带给人们味觉的满足，更重要的是它们还为人体提供丰富的营养。

　　畜肉类食物是我们获取优质蛋白质的很好来源，其各种氨基酸比例都非常恰当，进入人体时，几乎能被完全吸收和利用。人体正常的肌肉维护、各种器官组织维护都离不开蛋白质。畜肉类食物富含矿物质尤其是铁元素，是其他肉类不能替代的，这对发育中的青少年和缺铁性贫血者尤为有利。因此只要合理膳食、荤素搭配，就可以达到既满足口腹之欲，又健康养生的目的。

韭菜鸡蛋嫩肉卷

原料：鸡蛋2个、韭菜20克、肉末150克。

配料：食用油30毫升，水30毫升，香油2毫升，盐2克，生抽
1毫升，料酒2毫升，味精、白糖、黑胡椒粉少许。

在放肉末前一定要等蛋液的底层凝固，否则蛋饼容易破
裂，不易卷成形。卷好蛋卷后要用小火焖制。

制作：

1. 肉末放碗里，加入料酒、盐、味精、白糖、黑胡椒粉、生抽、香油搅拌均匀腌制 10 分钟待用；

2. 韭菜洗净去头切末；

3. 在碗里打入 2 个鸡蛋，放入 1 克盐；

4. 放入切好的韭菜末，搅拌均匀；

5. 热锅下油，油热后转小火倒入鸡蛋液，稍稍转一转锅，使蛋液可以均匀地在锅底摊平；

6. 待蛋液底层凝固后关火，将腌制好的肉末均匀地铺在蛋皮上；

7. 再将蛋皮卷起，开小火慢慢煎 2 分钟；

8. 加入清水，加盖焖 10 分钟，待汁收尽后盛出；

9. 晾凉后切成三角块装盘即可。

制作嫩肉卷的肉末最好选用较瘦一些的肉馅，以免口感太过油腻；韭菜以抓住根部叶片能直立、没有黄叶的为佳。

铁板麻辣排骨

原料: 排骨400克。

配料: 食用油20毫升、姜2克、蒜3克、香葱10克、花椒15
克、干辣椒20克、盐1克、白糖1克、料酒4毫升、老
抽2毫升、黑胡椒粉1克、玉米淀粉2克。

铁板煎排骨掌握不好的话容易粘住,可以在煎之前裹上一层干
淀粉或把腌制好的排骨先放煎锅中煎至两面金黄后再倒在铁板上。
使用铁板应要用小火或中小火,大火容易煳底。

制作：

1. 排骨洗净，剁成 5 厘米长的段；

2. 将排骨放入碗里，加入盐、料酒、黑胡椒粉、淀粉搅拌均匀腌制 10 分钟待用；

3. 蒜洗净去皮剁成末；

4. 姜洗净去皮剁成末；

5. 将铁板置于火上烧热后倒油，待油烧至 6 成热放入腌制好的排骨；

6. 小火煎至变色，放入花椒；

7. 放入干辣椒，小火慢慢煸炒出香味；

8. 倒入料酒；

9. 倒入老抽，使每块排骨都着色；

10. 放入姜末、蒜末、白糖，最后放入黑胡椒粉，出锅前撒入葱花即可。

 选料

选购排骨时，以排骨颜色明亮呈红色，用手摸起来感觉肉质紧密，表面微干，稍黏手，按下后的凹印可迅速恢复，闻起来没有腥臭味的为佳。

五色腰花

原料：猪腰子1个、玉米粒100克、木耳5克。

配料：食用油30毫升，水500毫升，花椒2克，香葱20克，姜2克，蒜3克，青、红尖椒各10克，盐1克，白糖、黑胡椒粉少许。

腰臊一定要去除干净，否则成菜后会有异味。焯猪腰的时间不宜过长，焯至变色就可以了。

制作:

1. 木耳水发洗净切末;

2. 香葱洗净去头切葱花;

3. 青尖椒洗净去头去籽切小丁;

4. 红尖椒洗净去头去籽切小丁;

5. 腰花洗净切开两半,去掉腰臊;

6. 在腰花上面平行划,不要切断,再与划开的纹路斜划形成十字花刀,再切成2厘米左右的片备用;

7. 锅中倒入500毫升的清水,浇沸后放入花椒,倒入切好的腰花,焯至变色捞出待用;

8. 热锅下油,待油热放入木耳末和玉米粒,中火翻炒;

9. 炒至木耳不爆响后放入姜、蒜末;

10. 炒出香味,放入焯好的腰花;

11. 放入青、红尖椒丁,改大火快速翻炒;

12. 加盐、白糖、黑胡椒粉快速翻炒;

13. 出锅前撒入葱花即可。

选料　猪腰选择无出血点、色泽红润、没异味、按压很快能恢复原状的较好。

火爆腰花

原料：猪腰子1个，青、红尖椒各1个。

配料：干辣椒5克，木耳20克，大葱5克，水530毫升，食用油30毫升，姜2克，蒜3克，香油2毫升，盐3克，白醋2毫升，味精、白糖少许。

 幸福小贴士 TIPS　　腰臊一定要去除干净，否则成菜后会有异味。焯猪腰的时间不宜过长，焯至变色就可以了。

制作：

1. 青尖椒洗净去头去籽，切成长 2.5 厘米、宽 1.5 厘米的菱形片；

2. 红尖椒洗净去头去籽，切成和青尖椒一样大小的菱形片；

3. 香葱洗净切葱花；

4. 姜、蒜洗净去皮切片，大葱斜切至 4 厘米的长段；

5. 木耳温水泡发后撕成小朵洗净备用；

6. 在碗中放入 30 毫升清水，加入淀粉、盐、味精、生抽、老抽、白糖、白醋和香油，搅拌均匀制成芡汁待用；

7. 腰花洗净切开两半，去掉腰臊；

8. 在腰花上面平行划，不要切断，再与划开的纹路斜划形成十字花刀，再切成 2 厘米左右的片备用；

9. 锅中倒入 500 毫升清水，浇沸后放入花椒，再倒入切好的腰花，焯至变形色后捞出待用；

10. 热锅下油，待油热转中火放入姜、蒜、干辣椒煸炒；

11. 炒出香味后放入木耳；

12. 炒至木耳不爆响后放入青、红尖椒；

13. 下入葱段；

14. 放入焯好的腰花；

15. 倒入料酒，转大火快速翻炒；

16. 最后倒入芡汁翻炒即可。

 猪腰无出血点、色泽红润、没异味、按压很快恢复原状的为佳。

风干肠炒蒜薹

原料：蒜薹200克、风干肠100克。

配料：胡萝卜20克，食用油20毫升，水530毫升，姜2克，大葱2克，香油2毫升，盐1克，味精、白糖、黑胡椒粉少许。

幸福小贴士 TIPS　　　焯烫风干肠的时间要稍长一些，这样可以使风干肠本身的咸味变淡，炒制后口感更好。

选料

蒜薹以嫩绿，总苞嫩绿、花茎白色、无褶的为佳；风干肠以颜色黄中泛黑、无异味、肉质干爽、结实的为佳。

制作：

1. 蒜薹洗净去头尾切成 4 厘米的长段；

2. 风干肠洗净后，斜切成片；

3. 大葱洗净切 1 毫米的片，姜洗净去皮切小菱形片；

4. 胡萝卜洗净去头削皮，斜切成片；

5. 锅中倒入 500 毫升清水，浇沸后放入风干肠焯烫 5 分钟捞出备用；

6. 碗中放入 30 毫升清水，加入淀粉、盐、味精、白糖和香油，搅拌均匀制成芡汁待用；

7. 热锅倒油，待油热后放入切好的葱、姜片，小火煸炒出香味；

8. 放入焯好的风干肠转中火翻炒；

9. 放入胡萝卜片；

10. 放入切好的蒜薹翻炒 2 分钟；

11. 最后倒入芡汁，炒至汤汁变透明后关火，装盘即可。

肉末冬笋

原料：鲜冬笋200克、肉末50克。

配料：青尖椒5克、红尖椒5克、清水500毫升、食用油30毫升、姜3克、大葱2克、盐3克、料酒2毫升、白糖少许。

幸福
小贴士
TIPS
　　冬笋在烹制前已经加工过了，所以炒的时间不需要太长。焯好的冬笋，过冰水后口感更好。

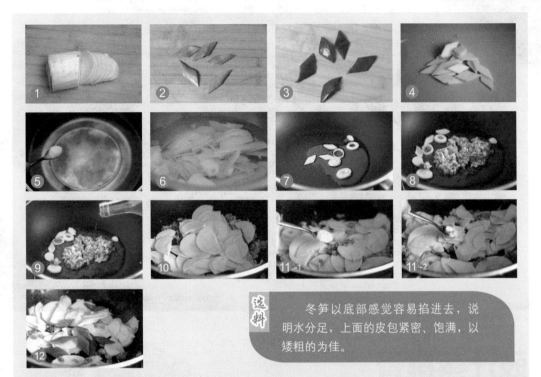

选料：冬笋以底部感觉容易掐进去，说明水分足，上面的皮包紧密、饱满，以矮粗的为佳。

制作：

1. 冬笋洗净剥去外皮，对半切开，改刀切成 1 毫米的薄片；

2. 青尖椒洗净去头去籽，切成长 2.5 厘米、宽 1.5 厘米的菱形片；

3. 红尖椒洗净去头去籽，切成长 2.5 厘米、宽 1.5 厘米的菱形片；

4. 大葱洗净切 1 毫米的片，姜洗净去皮切小菱形片；

5. 锅中倒入 500 毫升水，放入 2 克盐；

6. 待水开后放入切好的冬笋，焯烫 1 分钟捞出待用；

7. 炒锅置于火上，锅热后倒油，待油至八成热时放入切好的葱、姜片，小火煸炒出香味；

8. 放入肉末；

9. 倒入料酒；

10. 炒至肉末变色，放入冬笋中火快速翻炒；

11. 放入盐和白糖调味；

12. 最后将青、红尖椒放入锅中，快速翻炒即可。

豉汁蒸排骨

原料：猪小排200克。

配料：香葱10克、姜10克、干豆豉10克、蒸鱼豉
油10毫升、盐2克、淀粉3克、香油2毫升。

幸福
小贴士
TIPS

所有调味料拌匀后，一定要加入淀粉和油，排骨就会被包裹在里面。这
样在蒸的过程中，排骨能很好地保持内部的水分，所以蒸出来比较嫩。

制作:

1. 猪小排洗净剁成小块;

2. 香葱洗净切葱花;

3. 姜洗净去皮切丝;

4. 将剁好的排骨放在大碗中;

5. 放入姜丝;

6. 放入干豆豉;

7. 倒入蒸鱼豉油;

8. 放入盐和淀粉;

9. 最后倒入香油,搅拌均匀后腌制40分钟;

10. 蒸锅置于火上,将腌制好的小排放入锅内,先大火烧开,后转小火蒸40分钟即成。

选料

蒸排骨最好选用猪小排,并要选肥瘦相间的,如果选择全部是瘦肉的,蒸出来的排骨会比较柴,口感不好。

辣白菜炒五花肉

原料：五花肉200克、辣白菜100克。

配料：芹菜50克、食用油30毫升、姜2克、蒜3克、
白糖1克、辣椒酱6克、白醋3毫升。

 幸福小贴士 TIPS　　炒五花肉时间不宜过长，否则肉质柴硬，口感差。

制作：

1. 蒜洗净去皮剁成末；
2. 姜洗净去皮剁成末；
3. 辣白菜斜切长3厘米的片；
4. 五花肉洗净切薄片；
5. 芹菜洗净去头尾切长3厘米的菱形片；
6. 热锅下油，待油热放入剁好的姜、蒜末中火煸炒出香味；
7. 放入五花肉；
8. 加入白醋和辣椒酱中火翻炒；
9. 炒至五花肉变色后，放入辣白菜翻炒1分钟；
10. 放入芹菜翻炒1分钟；
11. 最后加白糖调味即可。

选料　　　五花肉以色泽鲜艳，无异味，肥肉、瘦肉红白分明的为佳。

蚂蚁上树

原料：粉丝30克、肉末80克。

配料：食用油40毫升、清水20毫升、干辣椒3克、姜2
克、大葱2克、豆瓣酱3克、盐1克、白糖1克。

 炒粉丝的过程中，要加入适量冷水或高汤，以防粘锅。

制作：

1. 粉丝用冷水浸泡 10 分钟备用；

2. 姜、葱洗净去皮剁成末；

3. 热锅下油，待油热放入剁好的
   葱、姜末，中火煸炒出香味；

4. 放入肉末；

5. 倒入料酒；

6. 煸炒至肉末变色，放入干辣椒；

7. 倒入豆瓣酱；

8. 煸炒出香味后放入粉丝，加入
   20 毫升清水，中火翻炒；

9. 放入盐、白糖；

10. 最后倒入 10 毫升油，大火收
    汁即可。

选料　粉丝以色泽白亮，手
感柔韧，弹性良好，没有
异味，具有豆类淀粉气味
的为佳。

麻婆豆腐

原料：鲜豆腐250克、肉末100克。

配料：豆瓣酱6克、水50毫升、姜2克、蒜2克、食用油
30毫升、香葱10克、干豆豉5克、花椒3克、料酒
2毫升、黑胡椒粉少许。

 　　小火煸至酱料的香气浓郁，再倒入切好的豆腐块，快速
翻炒。烹饪豆腐时间不宜过长，否则会烂。

制作：

1. 豆腐洗净切2厘米见方的方块；
2. 蒜洗净去皮剁成末；
3. 姜洗净去皮剁成末；
4. 香葱洗净切葱花；
5. 热锅下油，待油热放入肉末，中火煸炒；
6. 倒入料酒；
7. 炒至肉末变色转小火；
8. 放入豆瓣酱；
9. 放入姜、蒜末；
10. 放入干豆豉，煸炒上色；

11. 加入清水转中火煮沸；
12. 放入切好的豆腐，盖锅盖焖至2分钟
13. 放入盐、白糖调味；
14. 放入黑胡椒粉转大火快速翻炒；
15. 最后撒入葱花，装盘即可。

选料

　　鲜豆腐以整体乳白色或淡黄色，有少许的光泽度，闻起来有豆腐特有的淡淡香气的为佳。

老干妈烧猪肺

原料: 猪肺200克。

配料: 食用油20毫升、青尖椒1个、红尖椒1个、老
　　　干妈辣酱6克、盐3克、白糖1克、姜2克、蒜2
　　　克、水500毫升、料酒2毫升。

幸福小贴士 TIPS　　猪肺不易熟,最好洗净后放入高压锅压15分钟,捞出放
凉后再烹饪,口感比较好。

制作：

1. 猪肺洗净切成长 4 厘米、宽 3 厘米、厚 2 毫米的薄片；

2. 锅中倒入 500 毫升清水，放入 2 克盐煮沸，将切好的猪肺倒入开水中焯烫 10 分钟捞出待用；

3. 青尖椒洗净去头去籽，切成长 2.5 厘米、宽 1.5 厘米的菱形片；

4. 红尖椒洗净去头去籽，切成长 2.5 厘米、宽 1.5 厘米的菱形片；

5. 蒜洗净去皮剁成末；

6. 姜洗净去皮剁成末；

7. 热锅下油，待油热放入剁好的姜、蒜末和老干妈辣酱；

8. 中火煸炒一下后，放入焯好的猪肺；

9. 倒入料酒，煸炒出香味；

10. 放入切好的青、红尖椒翻炒；

11. 加盐调味；

12. 最后放入白糖翻炒一下即可。

选料

猪肺以色泽均匀粉红、光洁、富有弹性的为佳。

回锅肉

原料：熟五花肉300克。

配料：青蒜50克、姜2克、蒜2克、干辣椒8个、食用油20毫升、白糖1克、豆瓣酱6克。

幸福小贴士 TIPS　　这道菜用的是熟五花肉。将整块鲜五花肉放入加了料酒和花椒的水中煮熟，晾凉后切片使用。此外，豆瓣酱本身盐分很重，因此不需要再另外加盐，只需要放少许白糖调味即可。

制作:

1. 熟五花肉切片备用;

2. 青蒜洗净去头,斜切 5 厘米的
   长段;

3. 姜洗净去皮切丝,蒜洗净去皮
   切片;

4. 干辣椒洗净,斜切成细丝;

5. 热锅下油,待油热放入切好的
   蒜、姜,中火煸炒出香味;

6. 放入切好的干辣椒;

7. 放入豆瓣酱,煸炒出焙味;

8. 将切好的五花肉片倒入锅内,
   中火翻炒;

9. 炒至五花肉变色;

10. 放入切好的青蒜,快速翻炒;

11. 放入白糖调味即可。

五花肉以色泽鲜艳,无异味,
肥肉、瘦肉红白分明的为佳。

番茄酱烧丸子

原料：肉末250克。

配料：食用油20克、水1040毫升、玉米粒40克、青尖椒20克、香菇20克、胡萝卜20克、姜2克、蒜3克、香菜1根、盐1克、白糖1克、番茄酱10克、淀粉1克、料酒2毫升、黑胡椒粉少许。

幸福
小贴士
TIPS

　　制作肉丸时，双手上要抹油，把肉馅放入掌心，来回拍打出丸子的形状，这样会使丸子更紧致牢固。煮丸子一定要等水沸腾之后才能放入，然后改小火慢慢煮，这样丸子才可以定型，不易散。

　　这道菜营养丰富，而且酸酸甜甜的口味非常受小朋友的欢迎，家中有挑食的小朋友的妈妈不妨做来试试。

制作：

1. 青尖椒洗净去头去籽切丁；
2. 蒜洗净去皮剁成末；
3. 姜洗净去皮剁成末；
4. 香菇洗净切丁；
5. 胡萝卜洗净去皮切丁；
6. 肉末放入碗里，倒入料酒；
7. 加入盐；
8. 加入白糖、黑胡椒粉；
9. 倒入青尖椒丁；
10. 倒入胡萝卜丁；
11. 倒入香菇丁；
12. 倒入玉米粒；
13. 放入淀粉搅拌均匀，腌制10分钟；
14. 手上抹油，取一勺肉馅放入掌心，来
    回拍打团成丸子的形状，装盘待用；
15. 往锅倒入1000毫升清水，大火烧沸
    后，倒入丸子转小火煮熟；
16. 待丸子变色后捞出待用；
17. 热锅下油，待油热后放入剁好的姜、
    蒜末，转中火翻炒；
18. 炒出香味后，倒入40毫升清水；
19. 倒入番茄酱；
20. 待汤汁调匀后，放入煮熟的肉丸；
21. 最后加入白糖调味，烧至汤汁浓稠，
    关火摆盘即可。

肉末以色泽鲜红、红白分明、没异味的为佳。
肉末中加入的各种蔬菜，可根据个人口味调整。

青蒜炒风干肠

原料：风干肠200克、青蒜50克。

配料：食用油20毫升、盐2克、白糖1克、姜2克，蒜2克、水1000毫升、干辣椒10克、黑胡椒粉少许。

幸福小贴士 TIPS　　焯烫风干肠的时间应稍长一点，使风干肠的咸味变淡，吃起来口感更好。

制作：

1. 青蒜洗净去头，切 5 厘米的长段；

2. 风干肠洗净斜切片；

3. 姜洗净去皮切小菱形片，蒜洗净去皮切片；

4. 锅中倒入 1000 毫升清水，水煮沸后放入风干肠，焯烫 5 分钟捞出沥干备用；

5. 热锅下油，待油热后转中火，将切好的蒜、姜片放入锅内煸炒；

6. 放入干辣椒转小火煸出香味；

7. 放入焯好的风干肠转中火翻炒 1 分钟；

8. 放入青蒜，快速翻炒；

9. 最后放入盐、糖、黑胡椒粉调味即可。

选料　青蒜以整齐，干净，叶片和茎柔嫩，叶尖、叶片不干枯，株棵粗壮的为佳；风干肠以颜色黄中泛黑，无异味，肉质干爽、结实的为佳。

糖醋酥肉

原料：五花肉250克、梨50克。

配料：青笋30克，姜4克，蒜6克，食用油500毫升（实际耗油30毫升），番茄酱20克，大红浙醋30毫升，白糖10克，玉米淀粉40克，水50毫升，生抽3毫升，盐2克，味精、白糖、黑胡椒粉、料酒少许。

幸福小贴士 TIPS　　梨去皮后容易氧化变色，因此切块后最好放在清水中浸泡。梨能有效地改善酥肉油腻的口感，并且因其脆爽甘甜，也给这道菜增色不少。

制作：

1. 五花肉洗净切块备用；

2. 青笋洗净去皮，切厚 5 毫米的小三角块；

3. 梨洗净去皮去籽，切厚 5 毫米的小三角块，浸泡在清水中；

4. 姜洗净去皮，一半切丝，一半切成小菱形片；

5. 蒜洗净去皮，一半切丝，一半切片备用；

6. 把切好的五花肉放入碗里，放入姜、蒜丝，倒入料酒；

7. 放入盐；

8. 放入味精；

9. 放入白糖；

10. 倒入生抽；

11. 放入黑胡椒粉，搅拌均匀腌制 10 分钟待用；

12. 把腌制好的五花肉，一块块裹上淀粉；

13. 在碗中倒入 30 克清水，放入淀粉，拌匀备用；

14. 锅热倒入 500 毫升食用油烧热至 90℃，放入裹好的五花肉中火炸制，五花肉炸成金黄色捞出装盘待用；

15. 锅中留 30 毫升底油，待油热后放入切好的蒜、姜片，中火煸出蒜香味；

16. 加入 10 毫升清水；

17. 倒入番茄酱；

18. 放入大红浙醋；

19. 放入白糖；

20. 放入青笋块；

21. 放入梨块；

22. 烧至上色，放入炸好的五花肉翻炒；

23. 最后将调好的芡汁倒入锅中，烧至汤汁浓稠即可。

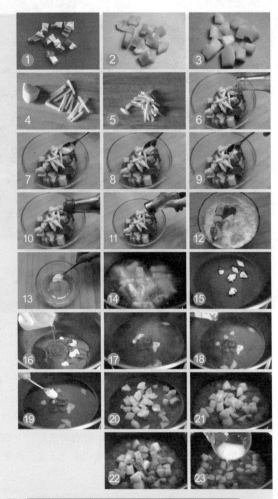

选料 制作酥肉最好选择肥瘦相间的五花肉，这样炸出来的肉块不会发柴发硬。优质的五花肉为鲜红色，一层一层肥瘦相间，手轻轻按压弹性好、不松垮，并无其他异味。

京酱肉丝

原料：猪里脊肉300克、豆腐皮40克。

配料：甜面酱6克、干黄酱2克、大葱1根、姜2克、蒜3克、食用油130毫升（实际耗油20毫升）、白糖3克、水30毫升、料酒2毫升、盐1克、玉米淀粉1克。

幸福小贴士 TIPS　　滑熘肉丝不能时间过长，不然肉丝会老。要将肉丝均匀地裹上酱汁，可以提前用30毫升清水、2克干淀粉制成芡汁倒入酱汁里，炒至酱汁浓稠后再倒入肉丝就可以了。

制作：

1. 猪里脊肉洗净切丝；
2. 豆腐皮切边长 7 厘米的正方形；
3. 大葱洗净去头切长 5 厘米的丝，摆入盘内；
4. 蒜洗净去皮剁成末；
5. 姜洗净去皮剁成末；
6. 肉丝放入碗里，倒入料酒；
7. 放入淀粉；
8. 放入盐；
9. 放入 1 克白糖，搅拌均匀腌制 10 分钟待用；
10. 锅热倒入 100 毫升油，待油热放入肉丝；
11. 快速将肉丝搅散，待肉丝变色后马上捞出沥干备用；
12. 锅中留 20 毫升底油，待油热放入剁好的姜、蒜末转中火煸出香味；
13. 放入干黄酱、甜面酱翻炒一下；
14. 将 30 毫升清水倒入锅中，转小火将酱汁烧开；
15. 放入白糖，炒至酱汁浓稠；
16. 倒入滑好的肉丝，翻炒至每根肉丝都挂满酱汁即可。

选料　猪里脊以肉嫩、富有弹性，按压后凹陷立即消失、长条状圆形的为佳。

麻辣猪肚

原料：猪肚200克。

配料：杭椒30克，干辣椒20克，花椒2克，食用油20
毫升，姜2克，蒜2克，盐3克，料酒4毫升，白
糖、黑胡椒粉少许。

幸福
小贴士
TIPS
　　猪肚有异味，买回来后一定要处理干净。正反两面都要用面粉反复揉
搓，也可以使用白醋清洗。猪肚也不易煮，最好使用压力锅先将猪肚煮烂再
进行炒制。若想猪肚爽滑清脆，可以将煮熟的猪肚放入冰水中浸泡一下。

制作:

1. 猪肚用面粉反复揉搓，除去表层的黏物;
2. 用清水洗净，放入高压锅中，加入1000毫升清水、2克盐、1克花椒、4毫升料酒，上火压20分钟;
3. 将猪肚捞出晾凉切段;
4. 杭椒洗净去头，斜切成4厘米的长段;
5. 姜洗净去皮切小菱形片，蒜洗净去皮切片;
6. 将炒锅置于火上倒入油，放入干辣椒、花椒小火炸至变色;
7. 放入蒜片、姜片煸炒出蒜香味;
8. 将切好的猪肚放入锅内，转中火翻炒;
9. 放入杭椒，快速翻炒;
10. 放入盐;
11. 放入白糖;
12. 最后放入黑胡椒粉调味即可。

选料
猪肚以颜色鲜嫩，异味不重，有弹性，皱襞轮廓清晰、干净的为佳。

蒜香猪蹄

原料：猪蹄1个。

配料：尖椒20克、胡萝卜20克、香葱20克、蒜20克、
　　　枸杞3克、盐3克、料酒4毫升、姜5克、白糖1
　　　克、水1000毫升。

　　　　　　猪蹄不易煮烂，如果是给老年人或孩子食用，可以用
高压锅多煮10分钟。这道菜在制作过程中无油低盐，非常
有益健康。

制作：

1. 猪蹄洗净剁成小块；

2. 锅中倒入清水烧沸，放入猪蹄焯烫 2 分钟后捞出；

3. 将猪蹄放入高压锅中，加水没过猪蹄，倒入料酒；

4. 放入 2 克盐，置于火上压 15 分钟捞出待用；

5. 尖椒洗净去头去籽切小丁，胡萝卜洗净去皮切成小丁备用；

6. 香葱洗净切葱花；

7. 蒜洗净去皮剁成末；

8. 姜洗净去皮剁成末；

9. 炒锅置于火上，倒入猪蹄，加 20 毫升清水，并倒入姜、蒜末；

10. 放入枸杞；

11. 放入尖椒丁、胡萝卜丁；

12. 放入盐；

13. 加白糖调味；

14. 烧至汤汁浓稠，撒入葱花即可。

选料

　　猪蹄以色泽粉嫩接近肉色、无刺激味、富有弹性，按压时立即恢复原状的为佳。

葱烧小肠

原料：小肠200克、香葱80克。

配料：食用油30毫升、白砂糖20克、盐2克、水600毫升、
料酒2毫升、姜2克、大葱2克。

幸福
小贴士
TIPS

焖制小肠的时候要多加水，以免煳锅。

制作：

1. 小肠洗净切成长 3 厘米的段；
2. 香葱洗净去头切成长 5 厘米的段；
3. 姜洗净去皮切小菱形片，大葱洗净切葱花；
4. 锅中倒入 500 毫升清水，待水开后放入小肠焯烫 1 分钟后捞出沥干待用；
5. 冷锅下油，放入白砂糖，开小火不停地朝一个方向搅拌，搅至变色起泡后放入姜、大葱、小肠，倒入 100 毫升清水；
6. 倒入料酒，盖上锅盖小火焖 20 分钟；
7. 放入盐调味；
8. 放入香葱转大火收汁即可。

 选料

小肠要选里层黏物是白色的为佳；小葱以颜色嫩绿、闻起来有葱香味，抓住根部叶片能直立的为佳。

葱烧牛百叶

原料： 牛百叶250克。

配料： 大葱1根，青尖椒1个，花椒1克，干辣椒5克，姜
2克，蒜3克，料酒5毫升，八角2克，盐3克，水
500毫升，黑胡椒粉、白糖少许。

幸福
小贴士
TIPS
　　牛百叶在烧之前一定要处理干净，去除上面的异物。另外，烹饪牛百叶
讲究火候和时间的控制，千万不要过火，一过火牛百叶便发硬，嚼不动了。

制作：

1. 先将牛百叶里层的黑膜撕掉，再用面粉反复搓去里层的黏物，用清水洗净；

2. 把牛百叶放入高压锅中，加入 500 毫升清水，加 1 克花椒、2 克八角；

3. 加入 3 克料酒；

4. 放入 2 克盐，加盖压 20 分钟；

5. 捞出牛百叶，切成宽 3 毫米的长条待用；

6. 大葱洗净去头，斜切成段备用；

7. 蒜洗净去皮剁成末；

8. 姜洗净去皮剁成末；

9. 青尖椒洗净去头去籽，切成长 2.5 厘米、宽 1.5 厘米的菱形片；

10. 热锅下油，待油热放入剁好的蒜、姜末中火爆香；

11. 放入干辣椒转小火煸出香味；

12. 放入牛百叶，加入 2 克料酒；

13. 放入青尖椒；

14. 放入大葱，快速翻炒；

15. 放入盐；

16. 放入白糖；

17. 最后放入黑胡椒粉翻炒即成。

 选料　　牛百叶是牛的四个胃之一，含有丰富的蛋白质、脂肪、钙、磷、铁、硫胺素、核黄素、烟酸等，有补虚弱、健脾胃、解毒的功效。选购时应挑选肉质又软又实，有弹性，不烂，无异味的。

辣炒包菜

原料：包菜300克，猪肉馅50克。

配料：姜5克、蒜5克、干辣椒5克、食用油20毫升、
　　　盐2克、生抽3毫升、糖1克。

幸福
小贴士
TIPS
　　包菜水分含量较大，烹调时要注意火候掌握，应急火快炒。

制作：

1. 包菜洗净切宽 1 厘米的丝；

2. 蒜去皮剁成末；

3. 姜去皮剁成末；

4. 热锅倒油，待油热后放入蒜末、姜末和干辣椒，中小火煸炒出香味；

5. 放入猪肉馅翻炒至变色；

6. 加入生抽；

7. 将切好的包菜丝倒入锅中改大火翻炒；

8. 炒至包菜丝稍稍变软；

9. 加入盐；

10. 最后加入糖调味翻炒即可。

选料 挑选包菜时应选择包裹紧密、质地脆嫩、叶片有光泽的为好，也可以用手掂一下，分量重的较好。

尖椒炒大肠

原料： 大肠200克。

配料： 尖椒2个、胡萝卜20克、花椒1克、八角1个、姜2克、大葱2克、白糖20克、食用油30毫升、水700毫升、盐1克。

 幸福小贴士 TIPS　　你要觉得焖大肠的时间长了点，你也可以事先放入高压锅里压15分钟，捞出过冰水，这样口感更好。

选料

大肠要以里层有肥油的为佳。

制作:

1. 大肠洗净切成长 4 厘米的段;

2. 尖椒洗净去头斜切成 2 厘米的段;

3. 胡萝卜洗净去头，削皮斜切薄片;

4. 大葱洗净切 2 毫米的片，姜洗净去皮切小菱形片;

5. 锅中倒入 500 毫升清水，待水开后放入切好的大肠，焯烫 1 分钟捞出沥干待用;

6. 冷锅下油，放入白砂糖，开小火不停地朝一个方向搅拌，搅至变色起泡;

7. 放入姜、葱、花椒、八角转中火煸炒;

8. 放入大肠，倒入料酒;

9. 倒入 200 毫升清水，盖上锅盖转小火焖 20 分钟;

10. 倒入生抽;

11. 放入盐调味;

12. 放入胡萝卜片;

13. 放入尖椒，快速烧至汤汁浓稠关火，装盘即可。

豆瓣酱烧猪心

原料：猪心250克。

配料：胡萝卜20克、白洋葱200克、青笋30克、姜2克、大葱
2克、枸杞2克、豆瓣酱6克、白糖3克、食用油20毫
升、料酒4毫升、黑胡椒粉0.3克、盐1克。

幸福小贴士 TIPS　　猪心通常有股腥味，如果处理不好，菜肴的味道就会大打折扣。去除猪心的血水和腥味的方法除了用冷水浸泡以外，还可在买回猪心后，放入少量面粉中裹一下，放置1小时左右，然后再用清水洗净，这样烹炒出来的猪心更加味美纯正。

制作：

1. 用刀将猪心从中间剖开，挖出猪心内凝的血块，剪去油筋，用清水洗净；

2. 将洗好的猪心切片，在清水中浸泡 10 分钟后捞出沥干备用；

3. 白洋葱洗净剥掉表层的老皮，切成三角块；

4. 胡萝卜洗净去头、削皮，切成长 2.5 厘米、宽 1.5 厘米的菱形片；

5. 青笋洗净，削皮，切成长 2.5 厘米、宽 1.5 厘米的菱形片；

6. 大葱洗净切小段，姜洗净去皮切小菱形片；

7. 热锅下油，待油热放入切好的葱段、姜片中火炒出香味；

8. 将猪心倒入锅内，倒入料酒，快速翻炒；

9. 放入豆瓣酱，炒出香味；

10. 放入切好的胡萝卜；

11. 放入白洋葱；

12. 放入青笋；

13. 放入枸杞；

14. 放入盐和黑胡椒粉；

15. 最后放入糖调味即可。

选料　　新鲜的猪心，心肌为红或淡红色，脂肪为乳白色或微带红色，心肌结实而有弹性，无异味。

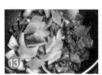

肉馅南瓜盒

原料：南瓜250克、肉末100克。

配料：青尖椒10克、红尖椒10克、盐2克、白糖1克、香油
　　　1毫升、料酒3毫升、生抽2毫升、水100毫升、玉米
　　　淀粉3克、黑胡椒粉少许。

 幸福小贴士 TIPS　　南瓜盒放入锅中后要用小火焖制，否则容易出现里面肉馅还没熟透、外面的南瓜盒就焖烂了的状况。

制作：

1. 南瓜洗净削皮，切成长4厘米、宽、厚3厘米的方块，然后中间掏空；
2. 把多余的南瓜剁成末待用；
3. 青尖椒洗净去头去籽切小丁；
4. 红尖椒洗净去头去籽切小丁；
5. 在碗中放入30毫升清水，放入淀粉2克；
6. 放入盐；
7. 放入白糖和香油，搅拌均匀制成芡汁待用；
8. 将肉末放入碗里，倒入料酒，放入生抽、盐、白糖、玉米淀粉、黑胡椒粉、香油搅拌均匀；
9. 将青、红尖椒丁和南瓜末倒入肉馅中，拌匀腌制10分钟待用；
10. 用小勺将肉末填入挖空的南瓜盒里；
11. 锅中倒入70毫升清水，待水开后放入南瓜盒，盖锅盖小火焖15分钟；
12. 将芡汁倒入锅中，转大火炒至汤汁变透明色关火，装盘即可。

选料

　　这道南瓜盒应选用成熟度好的南瓜，就是我们常说的老南瓜。南瓜越老，里面所含的水分越少，筋少，口感越好。挑选时可用大拇指的指甲将南瓜的外皮稍稍用力一掐，如果感觉南瓜外皮比较坚硬，这就是老南瓜。如果外皮一掐就破，则证明成熟度不够。

马蹄烧排骨

原料：排骨400克、马蹄7个。

配料：青尖椒10克、红尖椒10克、姜4克、食用油20毫升、生抽2毫升、盐1克、白糖2克、味精少许、水500毫升。

烧排骨的水一定要热水，要想排骨的味道好的话，可事先焯一下。

制作:

1. 排骨洗净剁 6 厘米的长段;

2. 马蹄洗净削皮;

3. 青尖椒洗净去头去籽,切成长 2.5 厘米、宽 1.5 厘米的菱形片;

4. 红尖椒洗净去头去籽,切成长 2.5 厘米、宽 1.5 厘米的菱形片;

5. 姜洗净切大片;

6. 热锅下油,待油热放入排骨;

7. 将处理好的马蹄放入锅中;

8. 倒入 500 毫升清水没过排骨,放入姜片大火烧开后加盖改小火
   焖 30 分钟;

9. 放入生抽;

10. 放入盐;

11. 放入味精;

12. 放入白糖;

13. 最后放入青、红尖椒,烧至汤汁浓稠后即可。

选料

排骨以骨头小、扁,肉质鲜嫩、红润、没异味,按压感觉黏手的为佳,马蹄以个大、饱满、色泽光亮、皮薄、干净的为佳。

芹椒炒猪皮

原料：猪皮200克、芹菜50克、红尖椒1个。

配料：食用油20毫升、姜2克、大葱2克、盐1克、白糖1
克、黄豆酱4克、水500毫升。

 如果不希望摄入过多的油脂，可以将猪皮提前刮去油脂
后，放入沸水中焯烫一下。

制作：

1. 猪皮洗净切长 5 厘米、宽 4 毫米的条；
2. 芹菜洗净切成长 4 厘米、宽 3 毫米的段；
3. 红尖椒洗净去头切长 4 厘米、宽 3 毫米的丝；
4. 葱洗净剁成末，姜洗净去皮剁成末备用；
5. 热锅下油，待油热放入剁好的姜、葱末、黄豆酱，中小火爆香；
6. 放入猪皮快速翻炒；
7. 倒入 500 毫升清水没过猪皮，大火烧开，转小火加盖焖 20 分钟；

8. 将芹菜倒入锅中转中火翻炒；
9. 倒入红椒丝；
10. 放入盐；
11. 放入白糖调味，待汤汁浓稠即可关火。

 选料　　芹菜以菜叶翠绿、菜梗不宜太长、颜色清翠绿、整体粗壮结实者为佳；红尖椒以颜色均匀、色泽光滑无皱，没有破口的为佳；猪皮选颜色均匀、无异味的为佳。

糖醋里脊

原料：猪里脊肉250克。

配料：大红浙醋30毫升、番茄酱15克、白砂糖10克、食用油520毫升（实际耗油20毫升）、香油2毫升、盐2克、生抽2毫升、淀粉100克、姜5克、大葱5克。

 幸福小贴士 TIPS　　炸制里脊条要用大火，而且要不停地往同一个方向搅拌，以免炸得颜色不均匀。

制作：

1. 猪里脊洗净，沥干水分，切成长 5 厘米、粗 1 厘米的条；

2. 大葱洗净切大片；

3. 姜洗净去皮切大片；

4. 把切好的里脊肉放入碗里，放入姜、葱；

5. 倒入料酒；

6. 放入盐；

7. 放入白糖；

8. 放入生抽；

9. 放入香油搅拌均匀腌制 10 分钟待用；

10. 把腌制好的肉条，一块块裹上淀粉待用；

11. 炒锅内倒入 500 毫升油，待油烧热至 70℃ 时放入裹好的里脊条，大火炸至金黄色捞出关火，装盘待用；

12. 在碗中放入 30 毫升清水，加入 10 克淀粉拌匀待用；

13. 将炒锅置于火上，倒入芡汁小火烧开；

14. 倒入大红浙醋；

15. 倒入番茄酱；

16. 加入白糖，快速搅匀；

17. 烧至汤汁浓稠；

18. 放入炸制好的里脊条，翻炒至每根肉丝都挂满酱汁即可关火。

 选料

猪里脊以肉嫩、富有弹性，按压后凹陷能立即消失、长条状圆形的为佳。

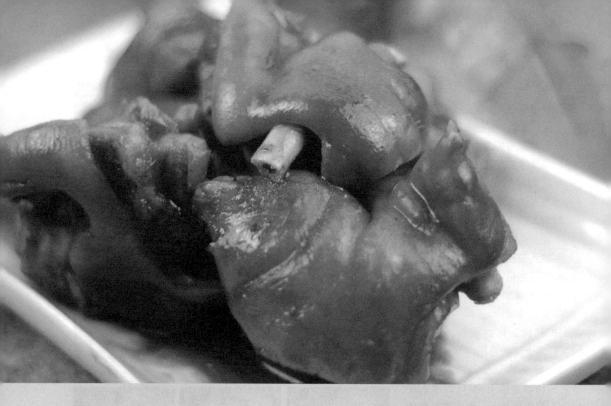

酱猪蹄

原料：猪蹄1个。

配料：烧烤酱15克、姜4克、大葱4克、料酒5毫升、水800
毫升、生抽4毫升、盐3克、花椒1克、白糖1克。

用高压锅焖猪蹄的时间不宜过长，否则猪蹄易烂不成形。

制作：

1. 猪蹄洗净斩成大块；
2. 锅中倒入 500 毫升清水煮沸，将猪蹄放入焯烫 5 分钟去除杂质；
3. 将猪蹄放入高压锅，加入 300 毫升清水，放入盐、姜片、葱、花椒；
4. 加入料酒和生抽后加盖，中火压 20 分钟；
5. 炒锅置于火上，将猪蹄连汤汁一并倒入锅内，加入烧烤酱，中火烧至汤汁浓稠即成。

 选料　　猪蹄以色泽粉嫩接近肉色、无刺激味、富有弹性，按压时立即恢复原状的为佳。

103

鲍汁烧杂粮肘花

原料：剔骨猪肘1个。

配料：玉米粒30克、薏米30克、白芸豆10克、红豆10克、盐4克、料酒6毫升、花椒5克、干辣椒4个、桂皮4克、八角1个、香叶1片、姜6克、蒜6克、水500毫升、鲍鱼汁6克、香葱5克、食用油20毫升。

幸福小贴士 TIPS　鲍鱼汁本身已有咸味，因此无需再额外放盐。如果猪肘是剖开剔骨的，那在裹好杂粮后应用干净的纱布将猪肘整个包起并用线绳捆紧再下锅煮。杂粮要提前用温水浸泡，否则不易煮烂。

制作：

1. 猪肘洗净备用；

2. 姜片洗净切大片；

3. 蒜洗净去皮剥蒜瓣，其中一部分剁成蒜末备用；

4. 香葱去头洗净切葱花；

5. 白芸豆、红豆放入温水中浸泡 2 小时；

6. 将杂粮填入猪肘里；

7. 用针线将口封住；

8. 将处理好的猪肘放入高压锅中，加入 500 毫升清水；

9. 放入花椒、干辣椒、桂皮、八角、香叶、姜片和蒜瓣；

10. 放入盐；

11. 倒入料酒，上火压 30 分钟，捞出晾凉后切片摆盘；

12. 热锅下油，待油热放入剁好的姜、蒜末中火爆香；

13. 倒入 30 毫升清水中火煮沸；

14. 倒入鲍鱼汁，烧至汤汁浓稠后关火，将汤汁浇到摆好的猪肘上，撒上葱花即成。

选料　猪肘以个大、没异味、富有弹性，用手指按压后无明显凹痕、有光泽颜色均匀为佳。杂粮可以根据个人口味调换的。

蒸羊肉蔬菜卷

原料：冰冻羊肉片200克。

配料：青笋50克、胡萝卜50克、黑芝麻10克、鲍鱼汁6
克、姜2克、蒜2克、食用油20毫升、水30毫升。

制作这道菜用的羊肉卷一定要冷冻成卷的，这样的羊肉
卷不易碎，也比较容易填入蔬菜。

制作：

1. 胡萝卜洗净去皮切成长 8 厘米、粗 3 毫米的长条；
2. 青笋洗净去皮切成与胡萝卜相同的长条；
3. 蒜洗净去皮剁成末；
4. 姜洗净去皮剁成末；
5. 羊肉片事先放入冰箱冷冻成卷，将切好的胡萝卜、青笋条填入羊肉卷中；
6. 蒸锅置于火上，锅开后将填好蔬菜的羊肉卷摆盘放入蒸笼，大火蒸 10 分钟；
7. 另起炒锅置于火上，待锅热下油，油热后放入剁好的姜、蒜末中小火爆香；
8. 加入 30 毫升清水转中火烧沸；
9. 倒入鲍鱼汁搅匀，烧至汤汁浓稠后关火，将汤汁浇在蒸好的羊肉卷上，最后撒上黑芝麻即成。

选料　羊肉片以色泽鲜嫩、红白分明、无异味的为佳。

107

甜辣酱炒板筋

原料：熟牛板筋200克。

配料：甜辣酱6克、姜2克、白洋葱半个、香菜5克、盐
1克、料酒4毫升、水10毫升、食用油20毫升。

板筋在炒制前应先用高压锅压熟，在炒牛板筋时适当地
在锅里加少许清水，这样炒出的牛板筋才比较香嫩。

制作：

1. 姜洗净去皮剁成末；
2. 白洋葱洗净剥掉表层的老皮，切3毫米的粗丝；
3. 香菜洗净去头切成4厘米的长段；
4. 捞出板筋晾凉后切成长5厘米、宽2毫米的长条；
5. 热锅下油，待油热后放入剁好的姜末中小火爆香，再将切好的板筋放入锅中转中火翻炒；
6. 倒入料酒；
7. 放入甜辣酱，倒入10毫升清水；
8. 放入白洋葱丝，中火快速翻炒至变色；
9. 放入盐；
10. 放入香菜快速翻炒一下即可关火。

选料 牛板筋以干净、肉质精密没缝隙、色泽均匀、没异味的为佳。

老干妈烧毛肚

原料：毛肚250克。

配料：老干妈辣酱6克、白洋葱半个、香菜5克、姜3克、蒜5克、干辣椒4个、花椒2克、食用油20毫升、水500毫升、料酒4毫升、盐1克、白糖2克、黑胡椒粉少许。

幸福
小贴士
TIPS
　　毛肚易熟，一般吃火锅涮毛肚时讲究"七上八下"，意思是大约15秒毛肚就已烫熟。因此在做这道炒菜时也不宜焯烫过久，否则将失去毛肚特有的爽脆口感。

制作：

1. 将毛肚洗净，切长6厘米、宽4厘米的长条；

2. 锅中加入500毫升清水，放入花椒煮沸。将毛肚倒入水中焯烫2分钟捞出沥干备用；

3. 白洋葱洗净剥掉表层的老皮，切3毫米的粗丝；

4. 香菜洗净去头切3厘米的段；

5. 姜洗净去皮切小菱形片，蒜洗净去皮切片；

6. 热锅下油，待油热放入干辣椒小火炸至变色，倒入老干妈辣酱小火煸香；

7. 放入姜、蒜片转中火炒出蒜香味；

8. 放入毛肚，快速翻炒至上色；

9. 放入白洋葱，中火翻炒半分钟；

10. 放入白糖；

11. 放入黑胡椒；

12. 撒入香菜翻炒一下即成。

选料　　选购毛肚时应选择鲜毛肚，鲜毛肚外形呈暗褐色，毛刺越完整、内壁越厚的质量越好。分叉、过软的毛肚品质相对较差。

香辣羊肚

原料：羊肚250克。

配料：小葱50克、花椒10克、干辣椒20克、盐1克、白糖1克、食用油30毫升、蒜3克、水700毫升。

 幸福小贴士 TIPS　　　羊肚烹调前一定要洗净，否则会有异味。因为这道菜是香辣味的，花椒和干辣椒可以多放。

制作：

1. 羊肚洗净，锅中倒入500毫升清水，加2克花椒煮沸。将羊肚倒入沸水中焯烫3分钟捞出沥干；

2. 将焯好的羊肚切长5厘米、宽4毫米的长条；

3. 小葱洗净去头切4厘米的长段；

4. 蒜洗净去皮剁成末；

5. 热锅下油，待油热放入切好的羊肚中火翻炒1分钟；

6. 放入蒜末、花椒、干辣椒煸炒出香味；

7. 倒入200毫升清水，加盖转小火焖15分钟；

8. 倒入料酒；

9. 改大火收汁，放入小葱段；

10. 放入盐；

11. 加糖调味即成。

挑选羊肚时应先看其色泽是否正常再看羊肚的胃或胃壁的底部有无血块或坏死的发紫发黑的组织，如果有较大的出血面就是病羊肚。最后闻有无臭味和异味，若有就是病羊肚或变质羊肚。

红焖羊肉

原料: 羊肉300克。

配料: 胡萝卜100克、白萝卜100克、香葱5克、香菜5克、姜3克、蒜6克、大葱5克、花椒1克、干辣椒4个、料酒4毫升、生抽5毫升、桂皮4克、香叶1片、盐1克、白糖0.5克、柱侯酱3克、豆瓣酱5克、食用油20毫升、水900毫升。

 幸福小贴士 TIPS 　　羊肉提前用开水焯烫可以除去杂质和血沫,并且能去除羊肉的腥膻味。羊肉性温热,与白萝卜、胡萝卜等比较性凉的蔬菜搭配在一起,可以起到清热去火的作用。

制作：

1. 白萝卜洗净削皮切大小均匀的滚刀块；

2. 胡萝卜洗净去头削皮切大小均匀的滚刀块；

3. 香葱去头洗净切葱花；

4. 香菜洗净切末；

5. 大葱洗净切小段；

6. 姜洗净切大片，蒜洗净去皮剥蒜瓣切片备用；

7. 羊肉洗净切大块；

8. 锅中倒入500毫升清水，待水开后放入切好的羊肉焯烫5分钟后捞出；

9. 装入盘里沥干待用；

10. 热锅下油，待油热放入干辣椒、花椒、八角中小火爆香；

11. 放入姜片、蒜片和葱段煸炒；

12. 将焯好的羊肉块放入锅中；

13. 加料酒和柱侯酱；

14. 放入豆瓣酱；

15. 倒入生抽；

16. 倒入400毫升清水，水没过羊肉，转大火烧沸；

17. 放入桂皮和香叶；

18. 加盐和白糖，转中小火加盖焖炖40分钟；

19. 放入切好的白萝卜和胡萝卜块；

20. 烧至汤汁浓稠后关火，撒入香葱、香菜末即成。

选料

新鲜羊肉色泽淡红，有光泽。摸上去会感觉黏手，并且肉质坚实而富有弹性。气味新鲜，无异味。不新鲜的羊肉色泽深暗，肉质松弛无弹性，略有氨味或酸味。

什锦狮子头

原料：豆腐200克，肉馅50克。

配料：青尖椒10克、红尖椒10克、南瓜10克、香葱5克、鸡蛋1个、盐2克、食用油30毫升、水80毫升、料酒4毫升、生抽2毫升、白糖2克、香油2毫升、老抽3毫升、玉米淀粉30克、黑胡椒粉少许。

幸福
小贴士
TIPS

豆腐是非常容易变质的食品。一般散装豆制品保质期只有半天，稍不小心，就可能被各种细菌污染。所以豆腐必须当天吃掉，而且必须经过100℃以上的彻底烹煮才能放心食用。

选料

这道菜应选择质地较硬实的北豆腐来烹制。北豆腐即卤水豆腐，其营养比内酯豆腐要高出许多。

制作：

1. 豆腐洗净，用勺子压成末；

2. 青、红尖椒洗净去头去籽切小丁；

3. 南瓜洗净去皮去籽切小丁；

4. 香葱去头洗净切葱花；

5. 把豆腐末放入碗里，加入肉馅、青尖椒丁、红尖椒丁、南瓜丁，打入 1 个鸡蛋，加 1 克盐、1 克白糖以及料酒、黑胡椒粉、生抽、香油搅拌均匀，腌制 10 分钟待用；

6. 双手抹上油，把腌制好的豆腐馅放在手里拍打成大丸子；

7. 再均匀地裹上玉米淀粉；

8. 碗中放 30 毫升清水，放入玉米淀粉 3 克制成芡汁；

9. 热锅下油，待油热后放入裹好淀粉的丸子；

10. 小火煎至金黄色；

11. 倒入 50 毫升清水，加老抽，加盖小火焖5 分钟；

12. 放入 1 克盐和 1 克白糖调味；

13. 将调好的芡汁倒入锅中，烧至汤汁浓稠，撒入香葱即成。

酸菜羊肉

原料：鲜羊肉片200克。

配料：杭椒2个、朝天椒2个、香葱5克、姜3克、蒜10
克、酸菜50克、红泡椒4个、水400毫升、盐1
克、白糖1克、白醋3毫升、食用油50毫升。

 　　酸菜可以提前用清水浸泡以减弱酸菜的酸度。羊肉片不宜煮
得时间过长，一变色即刻捞出，否则容易煮老变硬，影响口感。

制作：

1. 杭椒洗净去头切 3 毫米的段；

2. 朝天椒洗净去头切 3 毫米的段；

3. 香葱去头洗净切葱花；

4. 酸菜洗净切小丁；

5. 蒜洗净去皮，其中一部分剁成末备用；

6. 姜洗净切大片；

7. 热锅倒入 30 毫升油，放入姜片、蒜瓣和红泡椒；

8. 炒出香味后放入酸菜翻炒；

9. 倒入料酒；

10. 倒入 400 毫升清水烧开；

11. 放入杭椒、朝天椒；

12. 加盐、白糖、白醋调味；

13. 转中小火煮 3 分钟后捞出里面的食材，只留汤在锅中；

14. 将羊肉片放入锅中；

15. 快速搅拌至羊肉变色；

16. 把煮好的羊肉倒入盛酸菜的大碗中；

17. 撒上蒜末；

18. 另起一锅于火上，烧热后倒入 20 毫升食用油，小火烧至 90℃，将热油淋在羊肉上；

19. 最后撒入香葱即成。

选料 新鲜的羊肉片色泽鲜亮，红白分明，肉质干爽，肌肉纤维紧密细嫩。

杭椒牛肉

原料：牛肉300克。

配料：杭椒50克、朝天椒50克、姜2克、蒜4克、盐1
　　　克、白糖0.5克、食用油30毫升。

 　　牛肉尽量能切得最薄，烹调时应急火快炒，时间不宜过
长。炒老后肉质就变硬了。

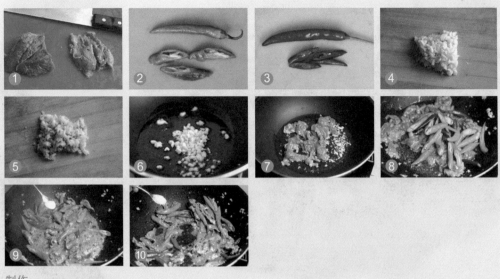

制作：

1. 牛肉洗净切长 5 厘米、宽 4 厘米的薄片；

2. 杭椒洗净去头斜切成段；

3. 朝天椒洗净去头斜切成段；

4. 蒜洗净去皮剁成末；

5. 姜洗净去皮剁成末；

6. 热锅下油，待油热放入剁好的姜、蒜末中小火爆香；

7. 放入切好的牛肉，快速翻炒至变色；

8. 放入杭椒、朝天椒转大火快速翻炒；

9. 放入盐；

10. 放入糖，快速翻炒一下即成。

 选料　　烹调这道菜最好选用牛里脊来做，原因是上面没有肥肉和肉筋，入口更容易。新鲜的牛肉色泽红润，肌肉晶莹细嫩，外表微干或有风干膜，不黏手，弹性好，有鲜肉味。

海鲜酱羊肉

原料：羊肉300克。

配料：食用油25毫升、香葱5克、姜2克、蒜3克、海鲜酱4克、盐1克、白糖1克、料酒4毫升、玉米淀粉1克。

 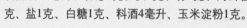 羊肉丝提前用料酒腌制以去除羊膻味。烹调时掌握火候也很关键，应急火快炒，羊肉丝变色即刻关火。

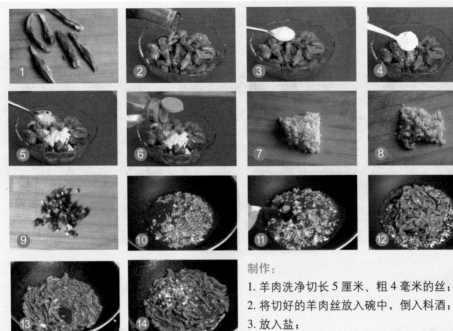

制作：

1. 羊肉洗净切长 5 厘米、粗 4 毫米的丝；

2. 将切好的羊肉丝放入碗中，倒入料酒；

3. 放入盐；

4. 放入淀粉；

5. 放入白糖；

6. 放入 5 毫升食用油搅拌均匀，腌制 10 分钟待用；

7. 蒜洗净去皮剁成末；

8. 姜洗净去皮剁成末；

9. 香葱去头洗净切葱花；

10. 热锅下油，待油热放入剁好的姜、蒜末中小火爆香；

11. 放入海鲜酱翻炒一下；

12. 放入腌制好的羊肉丝；

13. 转大火快速翻炒至羊肉丝变色；

14. 最后撒入葱花即成。

选料　　新鲜羊肉色泽淡红，有光泽。摸上去会感觉黏手，并且肉质坚实而富有弹性。气味新鲜，无异味。不新鲜的羊肉色泽深暗，肉质松弛无弹性，略有氨味或酸味。

麻辣兔肉

原料：兔肉500克。

原料：麻椒10克、花椒4克、干辣椒20克、食用油20毫
升、青蒜20克、姜3克、葱3克、蒜3克、盐1克、
白糖1克、料酒4毫升、黑胡椒粉少许。

这道菜的麻辣味道要重，因此干辣椒和麻椒要多放。在
煸炒兔肉时应中小火慢慢煸炒，一直炒到兔肉变干变色，再
放入其他调料翻炒。

制作：

1. 兔肉洗净斩成长 6 厘米、宽 1 厘米的段；

2. 大葱洗净切片；

3. 姜洗净去皮切小菱形片；

4. 蒜去皮切片；

5. 青蒜洗净去头，斜切 4 厘米的长段；

6. 热锅下油，待油热放入兔肉加料酒中小火煸炒；

7. 煸至金黄色，放入花椒、麻椒、干辣椒；

8. 煸炒出香味，放入姜、葱、蒜片；

9. 放入青蒜改中火翻炒；

10. 放入黑胡椒粉；

11. 放入盐；

12. 放入白糖，改大火快速翻炒几下即可。

 选料　　新鲜的兔子肌肉呈暗红色，肉质柔软，富有光泽，结构紧密坚实，肌肉纤维韧性强，兔肉的外表微干不黏手，用手指按下的凹陷能立即恢复原状，并且带有鲜兔肉特有的气味。

第三章
香嫩滋养禽蛋类

　　随着崇尚健康饮食的人越来越多，人们逐渐接受了应少吃以猪肉为代表的"红肉"而多吃以禽肉和鱼类为代表的"白肉"的饮食观念，因为白肉比红肉中的不饱和脂肪酸含量高，且禽肉中的蛋白质含量非常高，其中富含人体必需的多种氨基酸。以鹅肉和鸭肉为例，其不仅总的脂肪含量低，而且富含不饱和脂肪酸，能起到保护心脏的作用。此外，禽肉作为烹饪原料，由于其结缔组织少、肉质细嫩、脂肪分布均匀而口感更为鲜嫩美味，且易于消化。

　　而蛋类是人类理想的天然食品，不仅含有丰富的优质蛋白还含有卵磷脂、蛋黄素、钙、磷、铁、等多种营养素，因此被誉为"人类最好的营养源"以及"天然最接近母乳的蛋白质食品"。

韩式辣鸭掌

原料：鸭掌200克。

配料：大葱5克、香葱5克、姜5克、辣椒酱5克、辣椒粉3克、盐2克、糖1克、食用油20毫升、料酒3毫升、水300毫升。

这是一道非常适合当零食的菜肴，可以依据个人口味增减辣味的强度，也可以将辣椒酱和辣椒粉替换成叉烧酱制成叉烧鸭掌，或换成柱侯酱制成柱侯鸭掌。

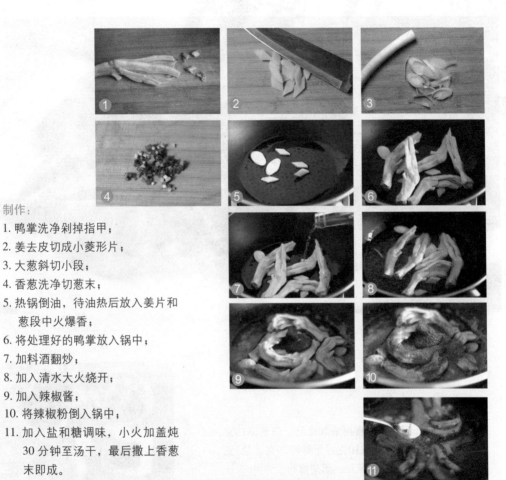

制作：

1. 鸭掌洗净剁掉指甲；

2. 姜去皮切成小菱形片；

3. 大葱斜切小段；

4. 香葱洗净切葱末；

5. 热锅倒油，待油热后放入姜片和
　　葱段中火爆香；

6. 将处理好的鸭掌放入锅中；

7. 加料酒翻炒；

8. 加入清水大火烧开；

9. 加入辣椒酱；

10. 将辣椒粉倒入锅中；

11. 加入盐和糖调味，小火加盖炖
　　30分钟至汤干，最后撒上香葱
　　末即成。

　　鸭掌含有丰富的胶原蛋白，少有脂肪，营养丰富。挑选鸭掌要选择肉皮色泽白亮并且富有光泽，无残留黄色硬皮，质地紧密，表面微干或略显湿润且不黏手的。如果鸭掌发暗没有光泽，表面发黏，则表明鸭掌存放时间过久，不宜选购。

麻辣鸡心

原料：鸡心250克。

配料：姜3克、蒜3克、食用油20毫升、白芝麻10克、
水500毫升、花椒10克、干辣椒20克、盐1克、
白糖1克、料酒4毫升、黑胡椒粉少许。

幸福小贴士 TIPS　　鸡心中存有污血，因此必须用开水焯过再炒。炒时应急火快炒，炒太久容易导致鸡心老硬，影响口感。在鸡心上打花刀，一方面是成菜后花样美观，另一方面也使鸡心入味均匀，鲜美脆嫩。

制作：

1. 在鸡心上面斜切几刀，注意不要切断，洗净备用；

2. 蒜洗净去皮切片；

3. 姜洗净去皮切小菱形片；

4. 锅中倒入 500 毫升清水，待水开后放入切好的鸡心，焯烫 1 分钟后捞出沥干待用；

5. 热锅下油，待油热放入干辣椒、花椒小火烹炸；

6. 炸出香味后放入姜、蒜片爆香；

7. 放入焯好的鸡心大火快速翻炒；

8. 倒入料酒；

9. 放入盐；

10. 放入白糖；

11. 撒入黑胡椒粉，快速翻炒；

12. 最后撒上白芝麻装盘即可。

选料

优质的鸡心呈锥形，内色紫红，肉质坚韧，外表附有油脂和筋络。

韭菜虾皮摊鸡蛋卷

原料：韭菜60克、鸡蛋2个、虾皮20克。

配料：食用油30毫升，盐2克，香油2毫升，白糖、
　　　黑胡椒粉少许。

幸福小贴士 TIPS　在蛋液中加一点清水，可以使摊出来的蛋饼均匀平整，而且不容易撕破。在加入馅料之前，一定要保证蛋饼底层已经变硬凝固，否则蛋饼会非常容易露馅。

制作：

1. 韭菜洗净去头切末；

2. 韭菜放入碗中；

3. 放入虾皮；

4. 放入 1 克盐和白糖；

5. 放入黑胡椒粉；

6. 最后放入香油搅拌均匀，腌制 10 分钟待用；

7. 在碗里打入 2 个鸡蛋，放入 1 克盐，搅拌均匀；

8. 热锅下油，油热倒入鸡蛋液，小火摊成蛋饼；

9. 待蛋饼底层凝固后关火，将腌制好的韭菜虾皮馅
均匀涂抹在蛋饼上；

10. 用蛋饼将馅料包裹起来；

11. 卷成蛋卷后，开小火加盖焖 10 分钟；

12. 盛出蛋卷放在案板上，用刀切成段后装盘即可。

选料

挑选虾皮时用手紧握一把虾皮，若放松后虾皮能自动散开呈松散状的，虾皮就是新鲜的；如果松手后，虾皮相互黏结而不易散，那么就说明虾皮是陈旧的。另外，好的虾皮外壳一定是清透，呈黄色有光泽，体形完整，颈部和躯体紧连，虾眼齐全。不新鲜的虾皮则外表污秽、暗淡无光，体形也不完整，碎末多，颜色也会呈苍白或暗红色，伴有霉味。

秘制烤鸭腿

原料：鸭腿1个。
配料：烧烤酱10克、白芝麻5克、香菜1克、蜂蜜10克。

幸福小贴士 TIPS　　　在鸭腿上打花刀是为了在腌制的时候更容易入味。烤箱在使用前应先将温度调至180℃，预热5分钟。烤箱底部最好铺一层油纸以免汤汁直接滴在烤箱内。另外，在烤制过程中应随时观察鸭腿受热和上色情况，其间可取出翻转，或加涂蜂蜜。

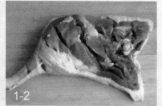

制作：

1. 鸭腿洗净，正反两面各划几刀；

2. 香菜洗净去头剁成末；

3. 把处理好的鸭腿放入碗内，加 5 克烧烤酱抹匀，
　 腌制 15 分钟待用；

4. 把腌制好的鸭腿放入烤架上，用小刷子把蜂蜜均
　 匀地涂到鸭腿上；

5. 最后放入烤箱；

6. 上下火，温度调至 180℃，时间为 40 分钟，出炉
　 后将鸭腿涂上烧烤酱，撒上白芝麻、香菜即可。

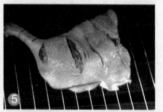

选料　　新鲜的鸭腿表面有光泽，有弹
性，瘦肉鲜红，肥肉洁白，颜色均
匀，无异味。

板烧鸡翅

原料：鸡中翅4个。

配料：香菜10克、姜1克、蒜1克、烧烤
酱6克、料酒2毫升、盐2克。

幸福
小贴士
TIPS
　　在鸡翅上打花刀是便于腌制时更好地入味，因此尽量划深一
些。铁板传热性能好，操作时应格外小心，避免烫伤。

制作：

1. 鸡中翅洗净，在其正反两面打花刀；

2. 蒜洗净去皮剁成末；

3. 姜洗净去皮剁成末；

4. 香菜洗净切成末；

5. 把清理好的鸡中翅放入碗内，放入蒜、姜末；

6. 加入盐和料酒腌制20分钟待用；

7. 铁板烧热，倒入油，油热后放入鸡中翅，小火将其煎至两面金黄色；

8. 在煎好的鸡翅上涂上烧烤酱，加盖小火再煎10分钟；

9. 最后在每个鸡翅上撒入香菜即可。

选
料　　新鲜的鸡翅色泽白亮，用手轻轻按压感觉肌肉有弹性，无多余液体渗出，露出的骨头连接处，骨髓鲜红，无异味。

重庆辣子鸡

原料：鸡腿1个。

配料：麻椒20克、干辣椒30克、姜3克、蒜3克、香葱10克、盐1克、白糖1克、料酒4毫升、黑胡椒粉少许、食用油100毫升（实际耗油20毫升）。

幸福小贴士 TIPS　　因为油炸后的鸡肉很难入味，因此鸡块需要提前腌制。炸鸡块时一定要炸透，感觉鸡肉紧实，有脆感才好。

制作:

1. 鸡腿洗净,斩成长 3 厘米、宽 1 厘米的块;
2. 蒜洗净去皮剁成末;
3. 姜洗净去皮剁成末;
4. 香葱去头洗净切葱花;
5. 将鸡块放入碗中,加入 2 毫升料酒;
6. 放入盐拌均匀腌制 15 分钟待用;
7. 锅中倒入 100 毫升油,待油烧到 80℃
   时放入腌制好的鸡块中火煸炒;
8. 煸至鸡块呈金黄色;
9. 将鸡块捞出装盘待用;
10. 锅中留 20 毫升底油,放入麻椒小火烹炸;
11. 放入干辣椒;
12. 煸炒出香味后放入姜、蒜末小火爆香;
13. 放入鸡块;
14. 倒入 2 毫升料酒;
15. 撒入黑胡椒粉、白糖调味,快速翻炒几下;
16. 撒上葱花即可。

选料

　　鸡腿肉蛋白质的含量比例较高,易于被人体消化吸收,有增强体力、强壮身体的作用。新鲜的鸡腿皮呈淡白色、肌肉结实而有弹性、干燥无异味,用手轻轻按压能够很快复原。

韩式辣味鸡

原料：鸡腿1个。

原料：芹菜20克、玉米粒50克、姜2克、蒜3克、辣椒粉5克、辣椒酱5克、食用油100毫升（实际耗油20毫升）、白糖1克、盐2克、料酒2毫升。

幸福小贴士 TIPS　　因为油炸后的鸡肉很难入味，因此鸡块需要提前腌制。炸鸡块时一定要炸透，感觉鸡肉紧实，有脆感才好。另外，制作这道菜的关键是辣椒酱和辣椒粉的分量要足够，这样炒出来味道才好。

制作:

1. 鸡腿洗净,斩成长3厘米、宽1厘米的块;

2. 蒜洗净去皮剁成末;

3. 姜洗净去皮剁成末;

4. 芹菜洗净去头尾,切长3厘米的菱形片;

5. 把斩好的鸡肉块放入碗里,倒入料酒;

6. 放入盐拌均匀,腌制15分钟待用;

7. 锅中倒入100毫升油,待油烧到80℃时放入腌制好的鸡块中火煸炒;

8. 煸至鸡块呈金黄色;

9. 将鸡块捞出装盘待用;

10. 锅中留20毫升底油,放入剁好的姜、蒜末、辣椒酱爆香;

11. 将玉米粒放入锅中翻炒至上色;

12. 放入煸好的鸡块,加白糖调味;

13. 放入辣椒粉;

14. 最后放入切好的芹菜翻炒1分钟即可。

选料

鸡腿肉蛋白质的含量比例较高,易于被人体消化吸收,有强身健体的作用。新鲜的鸡腿皮呈淡白色,肌肉结实而有弹性,干燥无异味,用手轻轻按压能够很快复原。

香芹干煸三黄鸡

原料：三黄鸡400克。

配料：香芹40克、杏鲍菇10克、干豆豉6克、干辣椒4
个、朝天椒3个、杭椒3个、花椒4克、姜3克、
蒜6克、盐1克、白糖1克、料酒4毫升、黑胡椒
粉少许、食用油30毫升。

幸福小贴士 TIPS　　鸡块尽量斩小一些，这样在煸炒时更容易炒干。加入杏鲍菇、香芹与鸡块一起炒，既可以解油腻，也能起到均衡营养的作用。

制作：

1. 三黄鸡洗净，斩成长3厘米、宽2厘米的块；

2. 香芹洗净去头去老叶切4厘米的长段；

3. 姜洗净去皮切小菱形片；

4. 蒜洗净去皮切片；

5. 朝天椒洗净去头切小丁，杭椒洗净去头切小丁；

6. 热锅下油，待油热放入花椒和斩好的鸡块中火煸炒；

7. 煸至鸡块缩水变干，放入杏鲍菇和香芹；

8. 放入朝天椒、杭椒、干豆豉、姜、蒜；

9. 倒入料酒；

10. 煸炒出香味；

11. 放入盐；

12. 放入白糖；

13. 最后撒黑胡椒粉调味，翻炒几下即成。

鸡肉的脂类物质和牛肉、猪肉比较，含有较多的不饱和脂肪酸——亚油酸和亚麻酸，能够降低对人体健康不利的低密度脂蛋白胆固醇的含量。优质的三黄鸡皮薄肉细，肉质排列紧密、颜色呈干净的粉红色而有光泽，鸡皮呈米色、有光泽和张力，且毛囊突出。

香辣凤爪

原料：鸡爪6个。

配料：花椒1克、豆豉3克、干辣椒4个、花生4克、红
泡椒4个、朝天椒2个、白洋葱半个、青尖椒10
克、红尖椒10克、食用油40毫升、生抽2毫升、
盐1克、白糖1克、黑胡椒粉少许。

这道菜的口感偏重，红泡椒和豆豉都还有咸味，因此出锅前可以根
据个人口味不放盐或少放盐。煸炒鸡爪的时间要稍长一些，使鸡爪口感
更酥脆。

制作：

1. 鸡爪洗净，剪掉指甲，对半砍断；

2. 前掌对半切开；

3. 后腿骨从中间砍成两节；

4. 红泡椒去头剁成末；

5. 朝天椒洗净去头切 2 毫米的丁；

6. 白洋葱洗净剥掉表层的老皮，切 3 毫米的粗丝；

7. 热锅下油，待油热后放入砍好的鸡爪中火煸炒；

8. 煸炒至金黄色；

9. 放入花椒、豆豉、干辣椒、花生、红泡椒和朝天椒；

10. 炒出香味后，放入黑胡椒粉；

11. 放入洋葱，炒至上色；

12. 放入盐；

13. 放入白糖；

14. 倒入生抽；

15. 最后放入青、红尖椒翻炒一下即成。

鸡爪含有丰富的钙质及胶原蛋白，常食对人体骨骼健康以及美容护肤都有益处。选购鸡爪时，要选择鸡爪的肉皮色泽白亮并且富有光泽，无残留黄色硬皮的优质鸡爪，其肉质地紧密，富有弹性，表面微干或略显湿润且不黏手。

蒸苦瓜鸡肉

原料：苦瓜1个、鸡胸肉200克。

配料：青尖椒20克、红尖椒20克、香油3毫升、料酒
4毫升、盐2克、白糖1克、黑胡椒粉与味精少
许、淀粉4克、水30毫升。

幸福小贴士 TIPS 　　蒸苦瓜墩要特别注意时间的掌握，时间太短里面的鸡肉馅不熟，时间太长苦瓜变色变软，影响口感和美观。另外，一定要等水烧开后再放进去蒸。

制作:

1. 鸡胸肉洗净剁成末;

2. 青尖椒洗净去头去籽切小丁;

3. 红尖椒洗净去头去籽切小丁;

4. 在碗中放入 30 毫升清水, 放入 3 克淀粉;

5. 放入 1 克盐;

6. 放入味精、白糖、1 克香油搅拌均匀, 制成芡汁待用;

7. 把剁好的鸡肉末放入碗里, 倒入料酒, 青、红尖椒末;

8. 放入盐 1 克;

9. 放入黑胡椒粉;

10. 放入 1 克淀粉;

11. 放入 2 克香油, 拌均匀腌制 15 分钟待用;

12. 把腌制好的馅料, 塞入苦瓜墩里摆在盘内;

13. 置蒸锅于火上, 待水开后放入苦瓜墩大火蒸 10 分钟端出;

14. 另置炒锅于火上, 热锅后倒入调制好的芡汁, 中火烧至汤汁变透明, 浇在蒸好的苦瓜墩上即成。

 选料

　　苦瓜营养价值高, 有解热、解乏、清心明目的功效。新鲜的苦瓜颜色翠绿, 瓜身直挺。做这道菜要选择瓜肉厚实, 鲜嫩的苦瓜。从外观看, 可挑选表皮的颗粒大且饱满, 纹路清晰的。

黄金鸡柳

原料：鸡胸肉200克。

配料：姜2克、大葱2克、鸡蛋1个、淀粉100克、食用
油500毫升、番茄酱5克、盐1克、料酒4毫升、
黑胡椒粉与白糖少许。

幸福小贴士 TIPS　　鸡胸肉经过油炸后味道不容易进去，因此在炸之前一定要先腌制入味。炸鸡柳时油温不宜过高，否则容易出现外层炸过火了，里面鸡肉还没熟透的情况。

制作:

1. 鸡胸肉洗净，沥干水分，切成长 5 厘米、宽 1.5 厘米的条;

2. 大葱洗净切大片;

3. 姜洗净切大片;

4. 把切好的鸡肉放入碗里，加料酒、姜、葱;

5. 放入黑胡椒粉;

6. 放入盐;

7. 放入白糖搅拌均匀，腌制 10 分钟待用;

8. 鸡蛋打入碗里打散，把腌制好的鸡肉条，一块块裹上蛋液;

9. 再裹上淀粉;

10. 锅中倒油烧热至 80℃放入裹好的鸡柳，中火炸至金黄色捞出装盘，食用时蘸番茄酱即可。

选料

新鲜的鸡胸肉呈干净的粉红色且具有光泽，肉质紧密，富有弹性，用手按压能立即弹回。

豉香鸭翅

原料：鸭翅4个。

配料：姜4克、大葱4克、豆豉10克、豆瓣酱10克、料酒6毫升、白糖2克、水500毫升。

幸福
小贴士
TIPS

鸭翅上残留的毛根要处理干净，否则会影响口感。这道菜使用的豆瓣酱很咸，因此在出锅前只需要加少许白糖调味，而不需要再另外加盐。

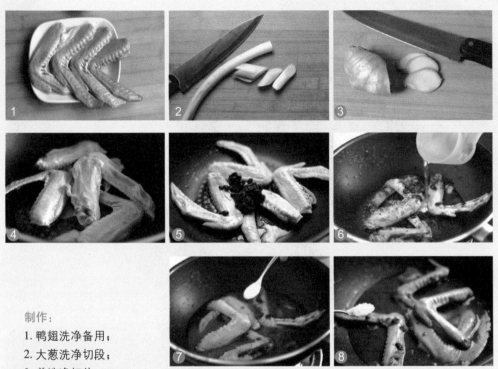

制作：

1. 鸭翅洗净备用；

2. 大葱洗净切段；

3. 姜洗净切片；

4. 热锅下油，待油热放入姜片、葱段中小火爆香，放入鸭翅；

5. 放入豆瓣酱、豆豉翻炒上色；

6. 倒入 500 毫升清水；

7. 加料酒和盐大火烧沸；

8. 放入白糖，加盖转小火焖 20 分钟至汤汁浓稠，鸭翅上色即可。

 选料　新鲜鸭翅的外皮色泽白亮或呈米色，并且富有光泽，肉质有弹性，并有一种特殊的鸭肉鲜味。

可乐鸡翅

原料：鸡中翅200克、可乐1听。

配料：姜2克、大葱2克、食用油30毫升、
盐1克、料酒2毫升。

幸福
小贴士
TIPS
　　这道菜完全用可乐烧制，不需要加水。为了使鸡翅更入味，要在鸡翅正反两面多划几刀，并提前用盐和料酒腌制。

最爱美味小炒：每一道菜都会让你回味无穷

制作：

1. 鸡中翅洗净，在正反两面打花刀；

2. 姜洗净去皮剁末；

3. 大葱洗净剁成末；

4. 把处理好的鸡中翅放入碗内，加入葱、姜；

5. 加入料酒和盐，拌匀腌制 15 分钟待用；

6. 热锅下油，待油热放入腌制好的鸡中翅小火煎炸；

7. 煎至两面金黄色；

8. 倒入可乐，没过鸡翅，加盖中火烧至汤汁浓稠即成。

选料　　新鲜的鸡翅色泽白亮，用手轻轻按压感觉肌肉有弹性，无多余液体渗出，露出的骨头连接处，骨髓鲜红，无异味。

第四章
美味新鲜水产类

　　俗话说："吃四条腿的不如两条腿的，吃两条腿的不如没有腿的。"新鲜水产品因其味道鲜美和营养丰富，历来是最受大众喜爱的食物之一。

　　人的大脑 50% 以上的物质是由不饱和脂肪酸构成，而以鱼肉为代表的水产品的脂肪绝大多数是不饱和脂肪酸，可为人的大脑的新陈代谢提供充足的营养。所以常吃海鲜水产有助于智力发育。

铁板鳗鱼

原料：鳗鱼250克。

配料：白洋葱半个、烧烤酱10克、香菜10克、
黑胡椒粉1克、食用油30毫升。

幸福
小贴士
TIPS

鳗鱼维生素C含量很少，因此要与洋葱等蔬菜搭配起来一起
吃，既美味又弥补了鳗鱼的这一缺陷，达到平衡营养的目的。

最爱美味小炒： 每一道菜都会让你回味无穷

制作：

1. 白洋葱洗净剥掉表层的老皮，切 3 毫米的粗丝；

2. 鳗鱼洗净剔骨，切粗 3 毫米、长 8 厘米的片；

3. 香菜洗净切末；

4. 将鳗鱼放入碗里，加入烧烤酱拌匀腌制 10 分钟；

5. 铁板置于火上，倒入油小火加热，待油热放入切好的洋葱丝；

6. 放入腌制好的鳗鱼片；

7. 撒入黑胡椒粉小火煎 5 分钟；

8. 待鳗鱼片弯曲变形后，将其翻转；

9. 撒上黑胡椒粉小火煎 5 分钟；

10. 将烧烤酱挤在煎好的鳗鱼上，撒上香菜即可。

鳗鱼富含维生素A和维生素E，对于预防视力退化、保护肝脏、恢复精力有很大的益处。新鲜的鳗鱼鱼体光滑整洁，无病斑，眼睛清澈明亮。

虾仁腰果炒冬瓜

原料：冬瓜200克、虾仁40克。

配料：腰果30克、蒜2克、香葱10克、食用油20毫升、
枸杞2克、料酒4毫升、盐1克。

腰果富含油脂，热量较高，因此不宜多吃。另外，过敏体质的人不宜多吃腰果，容易引发过敏反应，严重的话可能会危及生命。

制作：

1. 冬瓜洗净去皮去籽，切 1.5 厘米丁；

2. 香葱洗净切葱花；

3. 蒜洗净去皮剁成末；

4. 热锅下油，待油热放入剁好的蒜末中小火爆香；

5. 放入虾仁，倒入料酒转大火翻炒；

6. 放入切好的冬瓜丁；

7. 放入枸杞；

8. 放入腰果；

9. 放入香葱；

10. 加盐调味快速翻炒一下即可。

选料

腰果的营养十分丰富，具有抗氧化、防衰老、抗肿瘤和预防心血管病的作用。而所含脂肪多为不饱和脂肪酸，是高血脂、冠心病患者的食疗佳果。挑选腰果应选择外观呈完整月牙形、色泽白、饱满、气味香、油脂丰富、无蛀虫、无斑点者为佳。

咸鱼茄子

原料：咸鱼100克、茄子200克。

配料：食用油500毫升（实际耗油30毫升）、香葱5克、
水20毫升、姜2克、蒜3克、盐2克、味精1克、白糖
1克、淀粉3克、料酒5毫升、香油3毫升。

幸福
小贴士
TIPS
　　　咸鱼最好提前冷水浸泡1个小时，淡化咸味。因为原料都是提前
加工过的，炒制时间不宜过长，否则咸鱼容易碎。

制作：

1. 咸鱼洗净切宽 1 厘米的长条；

2. 茄子洗净切长 5 厘米、宽 1 厘米的长段；

3. 姜洗净剁成末；

4. 蒜洗净剁成末；

5. 在碗中放入 30 毫升清水，加入淀粉、盐、味精、白糖、香油搅拌均匀，制成芡汁备用；

6. 锅中倒入冷水，待水烧开后，倒入切好的咸鱼，待咸鱼的颜色变成白色后捞出装盘备用；

7. 另起一锅置于火上，锅热后倒油烧热至 90℃；

8. 把切好的茄子放入油中炸 5 分钟，待茄子表皮色泽光亮捞出装盘备用；

9. 锅中留少许底油，待油热放入姜、蒜末中火爆香；

10. 放入焯好的咸鱼，倒入料酒中火翻炒；

11. 放入炸好的茄条；

12. 将调好的芡汁倒入锅内，烧至汤汁浓稠；

13. 最后撒入香葱即可。

选料　茄子以颜色乌暗，花萼下有一片绿白色的皮为佳。

蒜薹炒虾仁

原料：虾仁40克、蒜薹40克。

配料：胡萝卜40克、姜2克、大葱2克、食用油30毫升、盐2克、白糖1克、料酒3毫升。

幸福小贴士 TIPS　　　在剥虾仁时要把虾背和虾肚子上的泥线都除去。胡萝卜中的β-胡萝卜素是需要油脂来帮助吸收的，因此胡萝卜应最先放入锅中用油翻炒。虾仁和蒜薹都不宜炒制时间太长，虾仁容易变老，而蒜薹时间一长就容易变色。

制作：

1. 蒜薹洗净去掉头尾，切成约 4 厘米的长段；

2. 胡萝卜洗净削皮，切长 4 厘米、粗 3 毫米的丝；

3. 姜洗净去皮剁成末；

4. 大葱洗净剁成末；

5. 热锅下油，待油热放入剁好的姜、葱末中小火爆香；

6. 放入切好的胡萝卜丝，翻炒 1 分钟；

7. 放入虾仁，加料酒炒至虾仁变色；

8. 放入切好的蒜薹，快速翻炒；

9. 放入盐；

10. 放入白糖调味，快速翻炒一下即成。

选料 选虾时应选择虾壳有光泽，虾头、壳紧密附着虾体，坚硬结实，无剥落。虾肉组织紧密、有弹性。选购蒜薹时，应挑选鲜嫩，枝条翠绿，茎部白嫩的；用指甲掐一下，如果很容易掐断说明是嫩的。

干炸多春鱼

原料：多春鱼250克。

配料：食用油500毫升、淀粉100克、姜4克、葱4克、料酒4毫升、盐1克、香油2毫升、白糖与黑胡椒粉少许。

幸福小贴士 TIPS

多春鱼体形小且一般都是满肚子鱼子，在处理时，别把头部跟内脏的连接切断，否则内脏就拽不出来了。

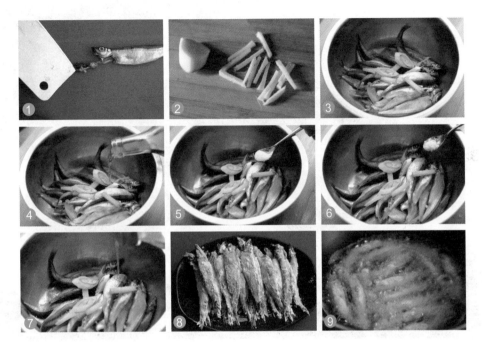

制作：

1. 多春鱼洗净，切断鱼鳃与头部的连接，抓住
   鱼尾向后慢慢拉，即可把内脏取出；

2. 姜洗净去皮切丝，大葱洗净切小段；

3. 把处理好的多春鱼放入碗里，放入姜、葱；

4. 倒入料酒；

5. 放入盐；

6. 放入白糖、黑胡椒粉；

7. 放入香油拌均匀，腌制10分钟待用；

8. 将每条腌制好的多春鱼均匀地裹上淀粉；

9. 热锅下油烧热至70℃，把裹好淀粉的多春
   鱼放入油里，炸至金黄色捞出，装盘即可。

选料

　　新鲜的多春鱼鱼眼透明清亮，鱼肉富有弹性。鳃丝清晰呈鲜红色，黏液透明。鳞片有光泽且与鱼体贴附紧密，不易脱落。肌肉坚实有弹性。

豆豉平鱼

原料：大平鱼1条。

配料：干豆豉10克、食用油20毫升、青尖椒10克、红尖椒10克、姜5克、大葱3克、蒜3克、盐2克、味精1克、料酒4毫升、水200毫升。

 幸福小贴士 TIPS　　煎平鱼时不要随意翻动鱼身，要等一面变硬不粘锅时再翻另一面煎炸。

制作:

1. 平鱼洗净，沿鳃边剖开；

2. 除去内脏洗净；

3. 在正反两面斜打花刀；

4. 青椒洗净切成小粒，红椒洗净切粒；

5. 大葱斜切小段；

6. 生姜一部分切片，一部分切粗丝，蒜去皮，蒜瓣用刀背拍一下；

7. 将处理好的平鱼放入大碗中，放入姜丝和葱段；

8. 加入 1 克盐；

9. 加入味精；

10. 倒入料酒拌匀，腌制 10 分钟；

11. 热锅倒油，待油热后放入平鱼小火煎；

12. 煎至两面金黄，放入蒜瓣、姜片、葱段和豆豉，加清水中火烧开；

13. 放入青、红椒粒，加 1 克盐调味即成。

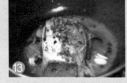

选料

　　挑选平鱼应选择表皮完整、白亮，鱼眼明亮不混浊，无异味、腹部不软的。

鳗鱼蛋卷

原料：鳗鱼50克、鸡蛋2个。

配料：海鲜酱4克、香葱2克、姜3克、大葱3克、食用油30毫升、水30毫升、盐3克、黑胡椒粉少许。

幸福小贴士 TIPS
　　鳗鱼需提前腌制使其入味。摊蛋饼时一定要等底层凝固后再放入鳗鱼包裹，否则容易将蛋饼弄破。

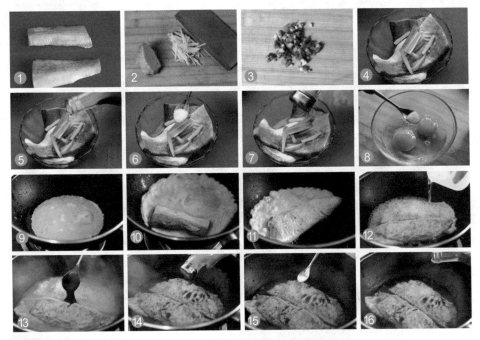

制作：

1. 鳗鱼洗净切两半，剔骨备用；

2. 姜洗净去皮切丝，大葱洗净切丝；

3. 香葱去头洗净切葱花；

4. 把切好的鳗鱼放入碗里，放入姜、葱丝；

5. 倒入料酒；

6. 放入盐；

7. 最后放入黑胡椒粉拌均匀，腌制 10 分钟待用；

8. 在碗里打入 2 个鸡蛋，放入 1 克盐，搅拌均匀待用；

9. 热锅下油，油热倒入鸡蛋液，小火摊成蛋饼；

10. 待蛋饼底层凝固后关火，将腌制好的鳗鱼放在蛋饼上；

11. 用蛋饼将鳗鱼包裹起来；

12. 开小火加入 30 毫升清水；

13. 放入海鲜酱；

14. 放入黑胡椒粉；

15. 放入盐；

16. 最后倒入料酒，小火加盖焖 10 分钟关火，将蛋卷用刀切段后装盘，撒上香葱即可。

 新鲜的鳗鱼鱼体光滑整洁，无病斑，眼睛清澈明亮。

169

剁椒鱼头

原料： 鱼头200克。

配料： 剁椒30克、香葱10克、姜5克、蒜5克、食用油10毫升、盐2克、料酒3毫升。

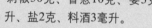 鱼头上撒的配料要充足，味道浓厚。一定要等蒸锅中的水开后再放入锅内蒸制，时间不宜过长，时间一长容易蒸老，影响鱼头的口感。

制作：

1. 鱼头洗净对切两半，不要切断；
2. 蒜去皮剁成末；
3. 姜剁成姜末；
4. 香葱切成末；
5. 将鱼头放入大碗中，加盐抹匀；
6. 倒入料酒腌制 20 分钟；
7. 将腌好的鱼头放入盘中，撒上姜末；
8. 将剁椒撒在鱼头上；
9. 将蒜末撒在鱼头上；
10. 蒸锅置于火上，水开后放入鱼头，加盖大火蒸 10 分钟；
11. 炒锅倒油，小火烧至 90℃；
12. 将热油淋在蒸好的鱼头上；
13. 最后将香葱末撒在鱼头上即成。

制作这道剁椒鱼头最好选用胖头鱼鱼头，也可以选用其他淡水鱼的鱼头来做。新鲜的鱼头鱼眼清澈明亮，表面有光泽，鱼鳃呈鲜红色。

软炸鱼柳

原料：草鱼500克。

配料：食用油500毫升（实际耗油20毫升），香葱3克，大葱3克，姜3克，鸡蛋1个，盐2克，料酒2毫升，生抽1毫升，玉米淀粉100克，香油2毫升，白芝麻2克，白糖、黑胡椒粉少许。

尽量将鱼柳中的鱼刺剔除干净。炸制鱼柳时要多放些油，这样炸出的鱼柳不但易熟而且外形美观。

制作：

1. 草鱼洗净去鱼鳞、内脏和鳃，剁去鱼头；

2. 用刀将鱼肉片下，去掉鱼骨，剔出鱼刺；

3. 将鱼肉切长 7 厘米、宽 1 厘米的条；

4. 姜洗净切片；

5. 香葱去头洗净切葱花；

6. 把切好的草鱼条放入碗里，放入姜、葱；

7. 倒入料酒；

8. 加生抽和 1 克盐；

9. 放入白糖、黑胡椒粉，拌均匀腌制 10 分钟待用；

10. 在碗中打入 1 个鸡蛋；

11. 放入 1 克盐打散；

12. 放入玉米淀粉，同方向搅拌均匀制成蛋糊；

13. 把腌制好的草鱼条，一个个均匀地裹上蛋糊；

14. 锅中倒油烧热至 70℃；

15. 把裹好蛋糊的草鱼条放入锅内；

16. 煎制金黄色即可捞出，装盘撒入葱花和白芝麻即可。

 选购鱼草尽量选择活鱼为好。如果是死鱼应以鱼鳃呈鲜红色，鱼眼饱满凸出、透着明亮清亮，鱼肉有弹性，按压后凹陷立即消失的为佳。

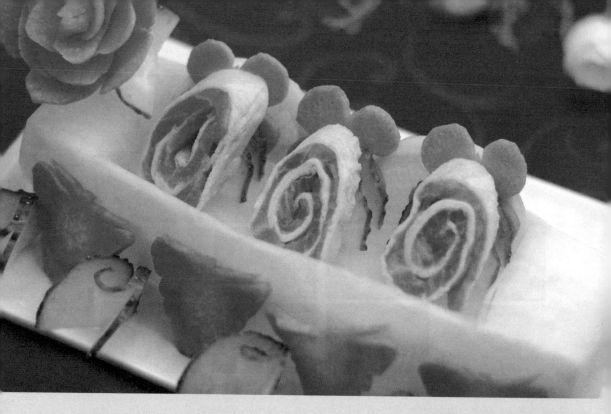

蛋卷三文鱼

原料：三文鱼50克、鸡蛋1个。

配料：柠檬1个、食用油20毫升、盐1克。

幸福
小贴士
TIPS

三文鱼生吃营养最高，加入柠檬既可以去腥去油腻，还增加了菜品的果香味。摊蛋饼时可以适当在蛋液中加入一点清水，这样摊出的蛋饼有韧劲不易碎。

制作：

1. 三文鱼洗净去皮切薄片，柠檬切片摆盘；
2. 鸡蛋打入碗里加盐拌匀待用；
3. 热锅倒油，油热倒入鸡蛋液，小火摊成薄蛋饼；
4. 蛋饼熟透关火，取出放在干净的案板上；
5. 将切好的三文鱼片放在蛋饼上，并用蛋饼将其
   裹起来，斜切长 2 厘米的段，放入盘中即可。

 新鲜的三文鱼鱼肉呈鲜艳的橙红色，有种隐隐流动的光泽。用手按压鱼肉感觉很有弹性，能自己慢慢恢复。

香酥草鱼

原料：草鱼500克。

配料：食用油500毫升、姜3克、大葱3克、鸡蛋1个、玉米淀粉100克、面包糠100克、盐2克、料酒2毫升、白糖0.5克、生抽1毫升、香油2毫升、吉士粉1克、黑芝麻3克、黑胡椒粉少许。

幸福小贴士 TIPS 在处理鱼肉时最好能将其中的鱼刺都拔出，以便于食用。制作蛋糕时一定要注意向一个方向搅拌，这样打出来的蛋糕才能均匀细腻。

制作：

1. 草鱼洗净去鱼鳞、内脏、鱼头，从中间片开；

2. 剔去鱼骨；

3. 切成长 7 厘米、宽 2 厘米的条；

4. 姜洗净切片，大葱洗净切片；

5. 把切好的草鱼条放入碗里，放入姜、葱；

6. 倒入料酒；

7. 放入 1 克盐；

8. 放入白糖，倒入生抽、黑胡椒粉，拌均匀腌制 10 分钟待用；

9. 另一只碗中打入 1 个鸡蛋；

10. 放入 1 克盐；

11. 放入 1 克吉士粉同方向搅拌均匀；

12. 放入玉米淀粉，同方向搅拌均匀制成蛋糊；

13. 把腌制好的草鱼条，一个个均匀地裹上蛋糊；

14. 锅中倒油烧热至 70℃，把裹好蛋糊的草鱼条放入锅内；

15. 煎至金黄色即可捞出，装盘撒入葱花和黑芝麻即可。

 最好选择活的草鱼来烹制，大小适中，鱼身鳞片完整即可。

五彩牡蛎

原料：牡蛎肉400克。

配料：青豆20克、玉米粒50克、朝天椒2个、肉末50克、姜2克、蒜4克、盐1克、料酒4毫升、淀粉2克、香油2毫升、食用油30毫升、水500毫升。

幸福小贴士 TIPS 牡蛎肉在烹调之前应反复冲洗几遍，除去泥沙和杂质，并放入沸水中快速焯烫一下捞出。

制作：

1. 牡蛎洗净，放入沸水中焯烫 10 秒备用；

2. 青豆洗净，放入沸水中焯烫 1 分钟备用；

3. 朝天椒洗净去头切 2 毫米的丁；

4. 蒜洗净去皮剁成末；

5. 姜洗净去皮剁成末；

6. 在碗中放入 30 毫升清水，放入淀粉；

7. 放入盐；

8. 放入白糖、香油搅拌均匀，制成芡汁待用；

9. 热锅下油，待油热后放入剁好的姜、蒜末中小火爆香；

10. 放入肉末翻炒至肉色变白；

11. 放入切好的朝天椒；

12. 放入玉米粒和青豆；

13. 放入焯好的牡蛎；

14. 倒入料酒，快速翻炒一下；

1.5 最后倒入芡汁，炒至汤汁变透明浓稠即可。

选料 牡蛎肉富含蛋白质、脂肪、肝糖，还含有多种维生素及牛磺酸和钙、磷、铁、锌等营养成分，是非常好的食材料。挑选牡蛎肉时应选择肉身完整丰满，边缘乌黑，肉质有光泽、富有弹性的。

糖醋红鲳鱼

原料：红鲳鱼1条。

配料：姜2克、葱2克、食用油520毫升（实际耗油20毫升）、大红浙醋30毫升、番茄酱15克、白糖12克、香油2毫升、盐1克、生抽2毫升、玉米淀粉100克、料酒2毫升、黑胡椒粉少许。

幸福小贴士 TIPS 炸鱼时火候需掌握好，不能用小火炸，要等油温较高时用中火煎炸，这样可以使鱼快速定型。

制作：

1. 红鲳鱼去鳞鳃，去内脏洗净；

2. 切掉鱼头备用，剔掉中间的鱼骨，注意鱼尾处不要切断；

3. 鱼皮朝下，先在鱼肉上切直刀，每一刀最好都刚刚划到鱼皮，每一刀的间距尽量一致；

4. 再切斜刀，就是斜着片鱼，片的斜度稍大一点；

5. 姜洗净去皮切丝；

6. 大葱洗净切小段；

7. 将处理好的鱼放入盘里，放入姜丝、葱段；

8. 倒入料酒；

9. 放入盐、生抽；

10. 放入 2 克白糖；

11. 放入黑胡椒粉、香油搅拌均匀腌制 10 分钟待用；

12. 把腌制好的红鲳鱼沥干水，放入盘里裹上玉米淀粉；

13. 锅中倒入 500 毫升油，烧热至 80℃，放入裹上玉米淀粉的鱼身和鱼头；

14. 中火炸至金黄色，捞出装盘；

15. 在碗中放入 30 毫升清水，加入 3 克玉米淀粉拌匀制成芡汁待用；

16. 拿一个干净的锅置于火上，中火烧热后倒入芡汁；

17. 倒入番茄酱；

18. 倒入大红浙醋；

19. 放入 10 克白糖；

20. 不停搅拌直至汤汁变红、变浓稠，淋在炸制好的红鲳鱼上即可。

挑选红鲳鱼时应选择鱼身坚实有弹性、色泽光亮、鱼鳃鲜红的为佳。

香煎龙利鱼

原料：龙利鱼300克。

配料：姜3克、蒜3克、烧烤酱6克、盐2克、糖1克、
味精少许、料酒2毫升、白芝麻3克、玉米淀
粉10克、食用油20毫升。

幸福
小贴士
TIPS

龙利鱼在烹调时应用小火慢慢煎至熟透，因其肉质细
嫩，所以煎制的时间不需太长。

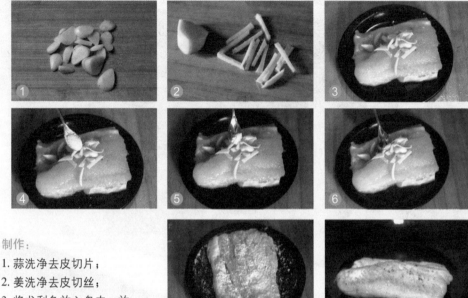

制作：

1. 蒜洗净去皮切片；

2. 姜洗净去皮切丝；

3. 将龙利鱼放入盘内，放入姜丝和蒜片；

4. 撒上盐；

5. 加入糖；

6. 加入味精，倒上料酒涂抹均匀腌制20分钟；

7. 将腌好的鱼两面均匀撒上玉米淀粉；

8. 锅中倒油，待油烧至8分热时将鱼放入，小火煎至两面金黄色装盘，将烧烤酱挤在表面，撒上白芝麻即可。

选料

　　龙利鱼也叫牛舌鱼、鳎目鱼、踏板鱼，它的肉质细嫩、营养丰富、味道极其鲜美。其脂肪中含有不饱和脂肪酸，具有抗动脉粥样硬化的功效，故对防治心脑血管疾病和增强记忆、保护视力颇有益处。选择超市里售卖的冰鲜的龙利鱼柳，无骨无刺，非常适合老人跟小孩食用。

黄豆酱炒花蛤

原料：花蛤300克。

配料：黄豆酱6克、青尖椒1个、红尖椒1个、姜3克、蒜
4克、料酒6毫升、玉米淀粉3克、水30毫升、食用
油20毫升。

幸福小贴士 TIPS   花蛤含沙较多，炒之前一定要先在淡盐水中浸泡。另外花蛤肉质细嫩易熟，因此不宜炒制时间过长，壳开即可。

制作：

1. 花蛤洗净用盐水浸泡30分钟；

2. 姜洗净去皮切丝；

3. 蒜洗净去皮切片；

4. 青尖椒洗净去头去籽，切成长2.5厘米、宽1.5厘米的菱形片；

5. 红尖椒洗净去头去籽，切成长2.5厘米、宽1.5厘米的菱形片；

6. 在碗中放入30毫升水，加3克玉米淀粉拌匀制成芡汁待用；

7. 热锅下油，待油热放入切好的蒜片、姜丝中小火爆香；

8. 放入花蛤转中火翻炒；

9. 倒入料酒；

10. 炒至蛤壳全部打开；

11. 放入黄豆酱，翻炒上色；

12. 放入切好的青尖椒；

13. 放入红尖椒；

14. 倒入芡汁，炒至汤汁浓稠即可。

选料　花蛤是比较常见的海鲜贝类之一，价格便宜，肉质鲜嫩。甄别花蛤是不是活的，可以用手触碰触角，如果触角能迅速缩回，并"嗖"射出一股水箭的最好。打不开或壳微开却合不上的，都是已经死了的。也可以两只两只对敲，发出清脆的声音就是活的，不清脆的就是死了的。

185

野山椒炒牛蛙

原料：牛蛙1只。

配料：野山椒30克、干辣椒10克、姜2克、蒜3克、青尖椒20克、盐1克、白糖1克、料酒4毫升、黑胡椒粉少许、食用油20毫升。

 牛蛙肉质细嫩，所以烹制时间不宜过长，要急火快炒，否则牛蛙肉会老韧。

制作：

1. 牛蛙剥皮，除去内脏洗净，剁去四爪；

2. 牛蛙剁小块备用；

3. 青尖椒洗净切丝；

4. 姜洗净去皮切丝；

5. 蒜洗净去皮切丝；

6. 热锅下油，待油热放入切好的姜、蒜丝和干辣椒中小火爆香；

7. 放入野山椒；

8. 炒出炝香味，放入剁好的牛蛙转大火煸炒；

9. 倒入料酒，炒至肉质变白；

10. 放入切好的青尖椒丝；

11. 放入盐；

12. 最后放入白糖和黑胡椒粉调味，翻炒一下即成。

选料

牛蛙的营养价值非常丰富，是一种高蛋白质、低脂肪、低胆固醇营养食品。一定要挑选活的牛蛙，大小适中，比较活跃的说明比较健康。

糖焖虾

原料：鲜虾500克。

配料：白砂糖50克、盐2克、食用油20毫升、料酒4毫升。

制作：

1. 冷锅下油，放入白砂糖，中小火不停地往一个方向搅拌；
2. 搅至变色；
3. 放入洗净的鲜虾，倒入料酒改中火炒至虾变色；
4. 加盐调味，翻炒一下即成。

选料　　　选虾时应选择虾壳有光泽，虾头、壳紧密附着虾体，坚硬结实，无剥落。虾肉组织紧密、有弹性。如果虾头与壳变红、变黑，则不宜购买。

清蒸多宝鱼

原料：多宝鱼1条。

配料：青尖椒1个、红尖椒1个、姜10 克、蒜5克、大葱
20克、料酒10毫升、盐2克、白糖1克、生抽4毫
升、香油5毫升。

幸福
小贴士
TIPS
用盐和料酒腌制多宝鱼可以去除鱼腥味，并且使鱼肉更容易入味。蒸
鱼的时间不宜过长，否则鱼肉容易蒸老变硬。

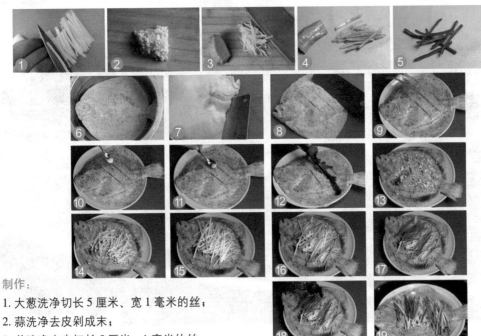

制作：

1. 大葱洗净切长 5 厘米、宽 1 毫米的丝；

2. 蒜洗净去皮剁成末；

3. 姜洗净去皮切长 5 厘米、1 毫米的丝；

4. 青尖椒洗净去头去籽，切长 5 厘米、宽 2 毫米的丝；

5. 红尖椒洗净去头去籽，切长 5 厘米、宽 2 毫米的丝；

6. 多宝鱼洗净；

7. 除去内脏和鱼鳃；

8. 在鱼背上斜切花刀；

9. 将多宝鱼放入盘里，倒入料酒；

10. 放入盐；

11. 放入白糖；

12. 倒入生抽，抹匀腌制 10 分钟待用；

13. 把剁好的蒜末，撒入腌制好的多宝鱼上；

14. 放上切好的姜丝；

15. 放上葱丝；

16. 放上青尖椒丝；

17. 放上红尖椒丝；

18. 放入香油；

19. 将蒸锅置于火上，待水开后，将鱼放入笼屉中蒸 10 分钟即成。

 选料　　新鲜的多宝鱼鱼眼饱满凸出、角膜透明清亮。鳃丝呈鲜红色，鱼肉坚实有弹性，指压后凹陷立即消失，无异味。

香辣偏口鱼

原料：偏口鱼1条。

配料：朝天椒3克，红泡椒10克、洋葱半个、
大葱4克、姜4克、豆瓣酱4克、盐1
克、豆豉5克、白砂糖2克、食用油30
毫升、料酒2毫升、开水200毫升。

幸福小贴士 TIPS 煎鱼时不要随意翻动鱼身，以免鱼肉脱落。配料中加入洋
葱可以有效地去除鱼腥味，但洋葱不宜久煮，应最后加入。

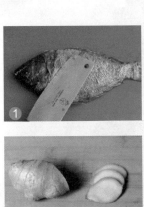

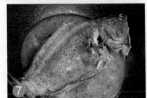

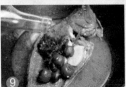

制作：

1. 偏口鱼去鳞，除去内脏洗净；

2. 大葱洗净切片；

3. 姜洗净去皮切大片；

4. 朝天椒洗净去头切小段；

5. 洋葱洗净剥掉表层的老皮，切
   3 毫米的丝；

6. 热锅下油，待油热放入偏口鱼
   稍煎一下；

7. 倒入 200 毫升开水，大火烧开；

8. 放入朝天椒、红泡椒、大葱、姜、
   豆瓣酱；

9. 倒入料酒；

10. 放入盐；

11. 放入白糖；

12. 放入切好的洋葱丝，加盖烧 2
    分钟即成。

选料　　挑选偏口鱼时应选择鱼
眼清澈、鱼鳃鲜红的为佳，
用手指按一下鱼身，感觉坚
实有弹性的。

火爆鱿鱼卷

原料: 鲜鱿鱼500克。

配料: 青尖椒1个、红尖椒1个、木耳20克、姜2克、蒜3克、大葱5克、干辣椒6个、水530毫升、食用油30毫升、生抽2毫升、老抽1毫升、香油2毫升、盐3克、淀粉100克、白醋2毫升、味精与白糖少许。

幸福小贴士 TIPS 焯烫鱿鱼的时间不宜过久,看到鱿鱼卷起立即捞出。炒鱿鱼时要大火快炒,否则肉就炒老了,口感不脆爽。

制作：

1. 鱿鱼洗净，除去内脏和表层的黑膜，内面朝上，对半切开；

2. 从边角 45 度开始切斜刀，要注意底部不能切断；

3. 然后转过来 90 度，切直刀，同样底部不能切断。顺着直刀的纹路把鱿鱼改成小块；

4. 青尖椒洗净去头去籽，切成宽 1.5 厘米、长 2.5 厘米的菱形片；

5. 红尖椒洗净去头去籽，切成宽 1.5 厘米、长 2.5 厘米的菱形片；

6. 香葱洗净切葱花；

7. 姜洗净去皮切小菱形片；

8. 蒜洗净去皮切片；

9. 大葱洗净斜切 4 厘米的长段；

10. 木耳用温水泡发洗净后撕成小朵；

11. 在碗中放入 30 毫升清水，放入淀粉；

12. 放入盐和味精；

13. 放入生抽；

14. 放入老抽；

15. 放入白糖；

16. 放入白醋；

17. 放入香油，搅拌均匀制成芡汁待用；

18. 锅中倒入 500 毫升清水，煮沸后倒入切好的鱿鱼，鱿鱼片卷起来后立即捞出；

19. 热锅下油，待油热放入姜、蒜、干辣椒中火爆香；

20. 放入木耳中火煸炒；

21. 炒至木耳不再爆响，放入青、红尖椒；

22. 放入葱段；

23. 放入焯好的鱿鱼卷；

24. 倒入料酒转大火快速翻炒；

25. 最后倒入调好的芡汁翻炒一下即可。

 选料

优质鱿鱼体形完整坚实，呈粉红色，有光泽，肉肥厚，肉质柔软。劣质鱿鱼体形瘦小残缺，颜色赤黄略带黑，无光泽，表面白霜过厚，背部呈黑红色。

香辣钉螺

原料: 钉螺500克。

配料: 青尖椒1个、姜3克、蒜3克、豆瓣酱6克、食用油20毫升、白砂糖2克、料酒6毫升、黑胡椒粉少许。

幸福小贴士 TIPS　买回的钉螺要用盐水浸泡一段时间，让其将泥沙吐干净。钉螺中常有寄生虫，所以一定要煮熟煮透，才能有效杀菌，但是煮的时间不宜太久，不然容易煮老，一般爆炒3~5分钟左右为宜。

制作：

1. 钉螺洗净放入淡盐水中浸泡
2 小时，用刀背敲去尾部；

2. 青尖椒洗净去头去籽，切长
4 厘米、宽 2 毫米的丝；

3. 姜洗净去皮切丝；

4. 蒜洗净去皮切丝；

5. 热锅下油，待油热放入切好
的蒜、姜丝中小火爆香，放
入豆瓣酱；

6. 炒出炝香味后放入钉螺；

7. 倒入料酒，转中火加盖焖 4
分钟；

8. 放入白糖；

9. 放入黑胡椒粉；

10. 放入切好的青尖椒丝，转中
火翻炒一下即可关火。

挑选钉螺时，一定要买活的，挑选时可用指尖往盖子上轻轻压一下，有弹性的是活螺，否则便是死螺。另外尽量挑选个头小的，因为个儿大的钉螺可能带有小钉螺，影响口感。

香辣海瓜子

原料：海瓜子500克。

配料：朝天椒2个、香葱10克、姜3克、
　　　蒜3克、料酒6毫升、盐1克、食
　　　用油20毫升，白砂糖1克、黑胡
　　　椒粉少许。

**幸福
小贴士
TIPS**　　　炒海瓜子前，应先放入淡盐水中浸泡，让其把沙吐净，否
则既影响口感也不利于健康。

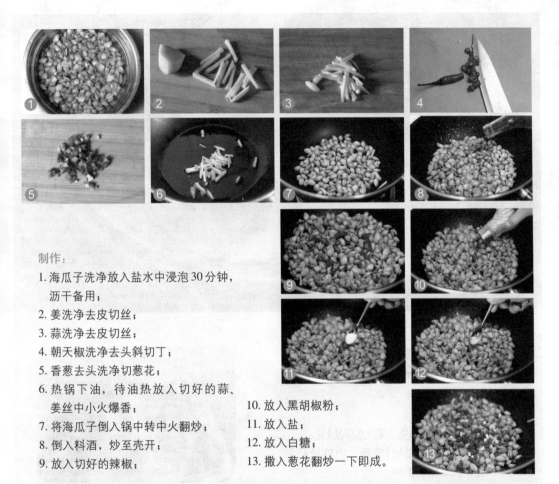

制作：

1. 海瓜子洗净放入盐水中浸泡30分钟，
   沥干备用；

2. 姜洗净去皮切丝；

3. 蒜洗净去皮切丝；

4. 朝天椒洗净去头斜切丁；

5. 香葱去头洗净切葱花；

6. 热锅下油，待油热放入切好的蒜、
   姜丝中小火爆香；

7. 将海瓜子倒入锅中转中火翻炒；

8. 倒入料酒，炒至壳开；

9. 放入切好的辣椒；

10. 放入黑胡椒粉；

11. 放入盐；

12. 放入白糖；

13. 撒入葱花翻炒一下即成。

选料　　挑选鲜活海瓜子，观察贝壳是否紧闭而不易揭开，如果贝壳张开，用手触之即可合拢，且贝肉色泽淡雅，闻之有淡淡的海水腥味；如果海瓜子外壳松弛易揭，口开时触动壳仍不闭合，拨开贝壳发现液体浑浊且有比较浓的鱼腥味，则表明海瓜子已死。

姜葱炒蛏子

原料：蛏子500克。

配料：香葱40克、姜3克、蒜3克、盐1克、
料酒6毫升、生抽4毫升、白砂糖1
克、黑胡椒粉少许。

幸福
小贴士
TIPS
由于蛏子生长在滩涂上，会吃进很多泥沙，所以炒之前最
好把蛏子放在盐水里浸泡，蛏子就会把泥沙吐出来。

制作：

1. 蛏子洗净放入盐水中浸泡 30 分钟，沥干备用；

2. 姜洗净去皮切丝；

3. 蒜洗净去皮切丝；

4. 香葱去头洗净切长 4 厘米的段；

5. 热锅下油，待油热后放入切好的蒜、姜丝中爆香；

6. 将蛏子倒入锅内；

7. 倒入料酒，转大火快速翻炒至壳开；

8. 倒入生抽；

9. 放入盐；

10. 放入白糖；

11. 放入黑胡椒粉；

12. 最后撒入切好的香葱段翻炒一下即成。

 选料

　　质量好的蛏子个头大而完整，肉质肥厚，色泽淡黄，外壳无破碎，没有泥沙杂质。用手触碰蛏子的须子如能迅速伸缩说明是活的。

烤草鱼

原料: 草鱼800克。

配料: 食用油20毫升、姜5克、蒜3克、盐1克、白芝麻5克、香葱4克、烧烤酱10克、料酒2毫升、黑胡椒粉1克。

幸福
小贴士
TIPS

在烤鱼的过程中，最好中间取出再刷一次油，这样烤出的鱼色泽更漂亮。

制作：

1. 姜洗净去皮切丝；

2. 蒜洗净去皮切丝；

3. 香葱洗净切葱花；

4. 草鱼洗净去鱼鳞、内脏，对半切，不可切断；

5. 把中间的鱼骨剔除，鱼尾不剔；

6. 在鱼上放置切好的姜、蒜丝；

7. 倒入料酒；

8. 加入盐；

9. 撒入黑胡椒粉，把调味料均匀抹在鱼身上腌制 10 分钟；

10. 将烧烤酱均匀地挤在鱼身上抹匀；

11. 将鱼放在烤架上，用刷子在鱼皮表层涂上食用油；

12. 将烤箱转至 180℃，预热 5 分钟；

13. 烤架放入烤箱中，上下火，温度 180℃，烤 40 分钟；

14. 出炉涂上烧烤酱，撒上香葱、白芝麻即可。

选料　选购草鱼尽量选择活鱼为好。如果是死鱼应以鱼鳃呈鲜红色，鱼眼饱满凸出、透着明亮清亮，鱼肉有弹性，按压后凹陷立即消失为佳。

青红椒蒸扇贝

原料：扇贝4只。

配料：青、红尖椒各10克，蒜10克，鱼
露10毫升，食用油10毫升，花椒
1克。

制作：

1. 扇贝洗净掀掉上面的外壳；
2. 用刀将肉旁边的泥包割掉；
3. 青、红尖椒洗净切小丁备用；
4. 蒜去皮剁蒜末；
5. 将处理好的扇贝放入盘中；
6. 将鱼露倒入每个扇贝中；
7. 将蒜末和青、红尖椒丁撒在扇贝上，放入蒸锅中上火蒸5分钟；
8. 炒锅倒油，放入花椒小火炸至变色关火；
9. 将花椒油淋在扇贝上。

 选料

　　挑选活扇贝的方法比较简单，用手用力拍一下张开的扇贝壳，如果能闭合，就是活的，不能闭合的就是死的。

芝士焗对虾

原料：对虾4只。

配料：芝士片10克，青、红尖椒各10克，
橄榄油20毫升。

　　处理对虾时，头不要切掉，虾线一定要去除掉。虾肉比较
细嫩，因此煎的时间不宜过长。

制作：

1. 对虾洗净，在虾头和虾身中间切开，但不要切断；
2. 用刀将虾背划开，去掉虾线；
3. 将虾向两边摊平；
4. 红尖椒洗净切小丁；
5. 青尖椒洗净切小丁；
6. 芝士片切 5 毫米宽小条；
7. 虾放在煎锅中，将芝士放在对虾上；
8. 将青、红尖椒丁放在芝士上，橄榄油淋在虾上，开小火慢慢煎至芝士融化，虾变色即可。

 选料

新鲜的对虾头尾完整，紧密相连，虾身较挺，并有一定的弯曲度。虾皮、壳发亮，肉质坚实，手触摸时感觉硬，有弹性，无异味。

豆豉鱼烧茄子

原料： 茄子200克、豆豉鱼罐头100克。

配料： 朝天椒2个、青尖椒1个、姜2克、蒜3克、
盐1克、白砂糖1克、食用油400毫升（实
际耗油20毫升）。

> **幸福小贴士 TIPS**　　炸茄子时油可以放多一些，这样炸熟的茄子口感更好。另外，炸制茄子不会产生太多杂质，因此炸过的油不要倒掉可以留下继续使用。

制作：

1. 朝天椒洗净去头斜切粗 1 厘米的段，青尖椒洗净去头去籽，切成长 2.5 厘米、宽 1.5 厘米的菱形片；

2. 豆豉鱼切宽 1 厘米的条；

3. 蒜洗净去皮剁成末；

4. 姜洗净去皮剁成末；

5. 茄子洗净去头，切 2 厘米粗、5 厘米长的段；

6. 锅中倒入 400 毫升油烧至 90℃；

7. 放入切好的茄子条，中火炸至茄条变软缩水，色泽光亮捞出备用；

8. 将油倒出，锅中留 20 毫升底油，放入剁好的姜、蒜末中小火爆香，放入切好的豆豉鱼；

9. 放入朝天椒；

10. 放入切好的青尖椒；

11. 放入炸制好的茄子；

12. 放入盐；

13. 放入白糖调味翻炒几下即可。

选料　挑选长茄子时应选择果形均匀周正，颜色自然有光泽，茄萼处颜色变浅，如同等大小，分量轻的比较好。

糖醋鳕鱼块

原料：鳕鱼300克。

配料：胡萝卜20克、黄瓜20克、姜2克、大葱2克、食用油30毫升、番茄酱8克、大红浙醋15毫升、味精1克，料酒5毫升、白砂糖8克、水60毫升、玉米淀粉30克、黑胡椒粉1克。

幸福小贴士 TIPS 　　鳕鱼的肉质相对松散，所以在制作的时候不要切得太小。在煎炸时不要随意翻动鱼块，要等外面炸硬定型后再翻动。

制作:

1. 鱼洗净去内脏,切成2厘米宽的段;
2. 大葱洗净切片,姜洗净去皮切小菱形片;
3. 胡萝卜洗净去头,削皮,斜切薄片;
4. 黄瓜洗净,切薄片,摆在盘内;
5. 把切好的鳕鱼块放入碗中,放入姜片和葱片,加入料酒、盐、味精、黑胡椒粉,拌匀腌制15分钟;
6. 把腌制好的鳕鱼块,一块块地裹上玉米淀粉待用;
7. 热锅倒油,待油热后放入裹好玉米淀粉的鳕鱼块小火煎炸;
8. 煎至鳕鱼块两面金黄色;
9. 加入清水;
10. 倒入大红浙醋;
11. 倒入番茄酱;
12. 放入白糖;
13. 放入切好的胡萝卜,烧至汤汁浓稠关火,装盘即可。

选料 鳕鱼以脊部皮肤呈青黑色,腹部鱼皮发白或灰白,鱼鳞纹细小的为佳。

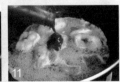

红烧鳝鱼

原料：鳝鱼200克。

配料：青尖椒10克、红尖椒10克、洋葱10克、笋丝10克、姜5克、蒜5克、食用油30毫升、盐3克、糖1克、生抽2毫升、老抽1毫升、香油1毫升、淀粉2克、水550毫升（500毫升焯水，30毫升勾芡，20毫升入锅）。

幸福小贴士 TIPS

鳝鱼身上的黏液一定要去除干净，否则会影响菜色美观。用开水焯烫最省力，并有助于去腥味，使烧制过程中鳝鱼酥而不烂。也可以用盐搓洗去除黏液。

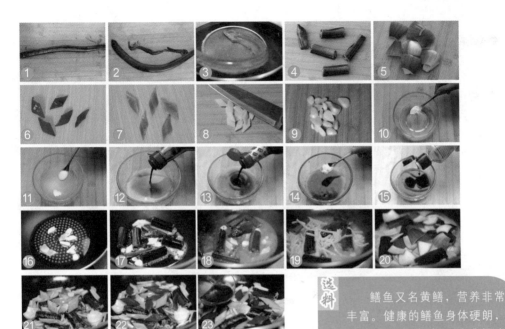

制作：

1. 用剪刀剪开鳝鱼腹部；
2. 去除内脏；
3. 锅中倒入 500 毫升清水，烧沸后将鳝鱼放入焯烫 3 分钟捞出；
4. 将焯好的鳝鱼切长 5 厘米的段备用；
5. 洋葱剥去外层老皮，切大块；
6. 青尖椒洗净切菱形片；
7. 红尖椒洗净切菱形片；
8. 姜去皮切菱形片；
9. 蒜去皮切片；
10. 碗中倒入 30 毫升清水，加 2 克淀粉；
11. 加入盐；
12. 倒入生抽；

13. 倒入老抽；
14. 加入糖；
15. 最后加香油搅拌均匀制成芡汁；
16. 锅热倒油，待油热后放入姜片和蒜片中火爆香；
17. 将鳝鱼段放入锅中翻炒；
18. 加入 20 毫升清水转大火烧开；
19. 倒入笋丝；
20. 放入洋葱块；
21. 放入青尖椒片；
22. 放入红尖椒片；
23. 最后将调好的芡汁倒入锅内，大火烧至汤汁变浓稠即成。

选料

鳝鱼又名黄鳝，营养非常丰富。健康的鳝鱼身体硬朗，鳝体表面无伤痕，手感很光滑，黏液充分。购买时不要挑选太粗壮的，长得太大的鳝鱼肉质较老。

213

最爱美味小炒

每一道菜都会让你回味无穷

每一道菜都会让你回味无穷